easy BIM (기초편) 01

쌩초보를 위한 **Revit** 기초

본 서적에 대한 온라인 동영상 강의는 페이서(pacer.kr)에서 유료로 제공됩니다.

(교재 예제 및 배포 파일 https://m.cafe.naver.com/pseb)

easy

01
기초편

BIM

쌩초보를 위한 **Revit** 기초

페이서 킴 저

동영상 강의
페이서
pacer.kr

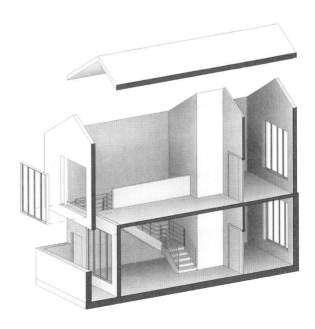

도서출판 대가

머리말

최근 모든 산업계의 가장 큰 화두는 4차 산업혁명입니다. 이에 건축산업군에도 본격적으로 기술 도입이 시작되고 있습니다. 건설업계에서도 4차 산업혁명에 맞춰서 새로운 기술 도입이 가시화되고 있습니다.

미국과 유럽 등지에서 시작된 디지털 기술의 융합은 BIM(Building Information Modeling) 라는 새로운 용어를 만들었습니다.

3D의 도입은 다른 산업군에 비하면 굉장히 도입이 늦었다고 할 수 있습니다. 도입 초기에 예상과는 달리 제대로 사용하기 위해서는 높은 기회비용과 시간을 투자해야 한다는 것을 알게 되었습니다.

2000년 초반 도입 초기에는 많은 난관이 있었습니다. 건설업계의 요구와 실제 결과물의 비교를 통해서 많은 실무자들이 실망을 하기도 했습니다. 기존의 방식보다 저렴하지도 않고 많은 비용과 시간을 들인 결과물이 만족스럽지 않았기 때문이었습니다.

하지만 최근의 상황은 많이 변하고 있습니다. 많은 프로젝트가 파일럿 형태로 진행되고, 해외 프로젝트를 진행한 경험이 축적되면서 기술적으로 많은 발전을 하게 되었습니다. 조달청과 국토부의 계획에 따라 인력 양성 계획도 세워지면서 많은 실무자, 학생들이 이 분야에 관심을 가지게 되었습니다.

필자는 2010년 즈음에 처음으로 BIM이라는 분야를 접했습니다. 당시에 매우 놀랐던 기억이 있습니다. 실제로 사용하기까지는 몇 년이 지났지만 처음 느꼈던 느낌은 지금도 기억이 납니다.

BIM 툴 중에 대표적은 Revit을 접하면서 처음 느낌은 [어렵다.] 였습니다. 지금 이 순간에도 많은 분들이 독학을 하거나 혹은 학원, 직업 훈련 기관등을 통해서 학습을 진행하고 있을 것으로 생각합니다.

사용하면서 [조금 더 쉽게 알려줄 수는 없는가]에 대한 아쉬움이 있었습니다. 그러던 차에 좋은 기회가 와서 개인적으로 다수의 BIM 관련 프로젝트를 진행하게 되었습니다. 실무 경험을 살려 교육 기관에서 강사로 일하게 되었고, 기초부터 활용, 실무 과정 강의를 담당하면서 많은 고민을 했습니다.

조금 더 많은 분들이 쉽게 배울 수 있는 방법을 고민했고 카페, 유튜브 등의 채널을 운영하면서 받은 질문을 토대로 easy BIM 시리즈를 계획하게 되었습니다.

많은 분들이 쉽게 이해하고 사용하는 것에 중점을 두고 책을 만들었습니다.

페이서(Pacer.kr) 웹사이트를 통해 본 교재의 상세한 학습 내용을 동영상 강의로 만들었습니다. 필요한 사람들은 참고하길 바라며, 페이서(pacer.kr) 공식인증교재로 본서의 강의는 페이서 웹사이트에서 확인해 볼 수 있다. 이 책 출판에 도움을 준 도서출판대가 김호석 대표님과 세 명의 페이서 운영진(장종구, 이동민, 김재호)에게도 진실된 감사 인사를 전합니다.

저자
페이서 킴

Contents

05

Practice example 1

easy **BIM** (기초편) 01

쌩초보를 위한 **Revit** 기초

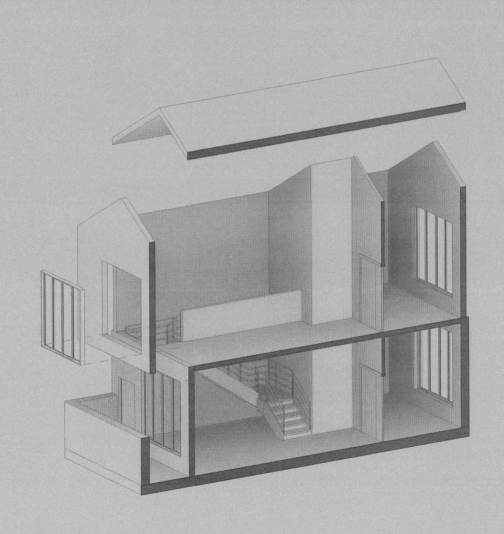

01 Revit을 사용하기 위한 기본 준비

- 원활한 작업을 위해서 기본적인 환경 설정이 필요합니다.
- 프로그램은 Autodesk 공식 홈페이지를 통해서 다운받을 수 있습니다.
- Autodesk 공식 홈페이지에 기술된 사양을 참고하여 시스템 구성을 합니다.
- 본 교재는 2012 버전부터 2020 버전까지 기술하고 있습니다.
- 다운로드 및 제품 실행에 필요한 정보는 Autodesk.com을 참고합니다.

02   환경 설정

- 기본 환경에 따라 다르지만 공통적으로 지정을 해야 할 옵션에 대해 알려드리는 페이지입니다.
  이미지를 참고하여 천천히 따라하시기 바랍니다.
- 실제적인 프로젝트 작업 진행 전에 진행을 하는 것이 좋습니다.

2.1 옵션 실행

① Revit을 실행합니다(버전에 따른 차이는 거의 없습니다).
  2020 버전부터 약간의 차이는 있지만 크게 신경 쓸 정도는 아닙니다.

- 2019 이전의 버전은 아래와 같이 템플릿이 직접 보입니다.
  2019.2 버전 이상은 2020 버전과 같은 화면 구성을 가지고 있습니다.

- Revit의 경우 상호 호환성이 많이 떨어지는 관계로 학습이 아닌 업무에 사용을 하실 경우,
  버전을 통일하는 것이 좋습니다.

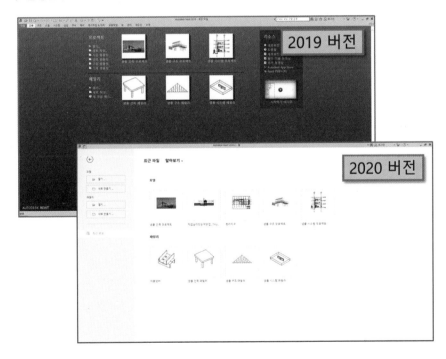

② 옵션 설정을 위해서 화면 좌측 상단의 [파일] 탭을 선택합니다.

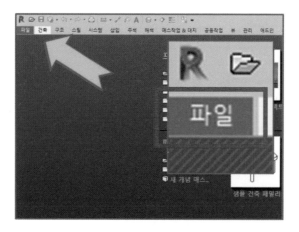

③ 풀 다운 메뉴 우측 하단의 옵션을 선택합니다.

    1. [파일]을 선택합니다.

    2. 옵션을 선택합니다.

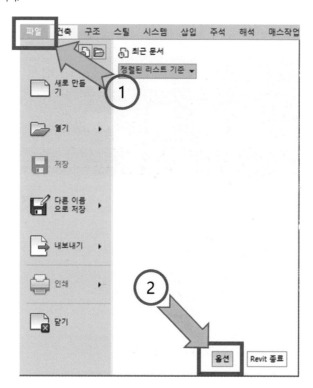

2.2 일반 사항

- 사용자 이름의 경우 네트워크 상에서 식별되므로 회사의 경우 같은 이름이 겹치지 않도록 주의합니다.
- 기본 뷰를 [건축]으로 지정하면 작업을 위해서 새로운 평면 뷰를 생성할 경우 생성되는
  평면을 [건축]으로 분류합니다.

① 옵션의 [일반] 사항에서는 2가지 사항을 변경합니다.

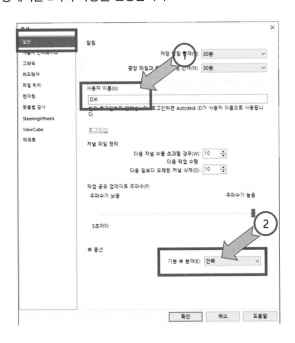

1. 사용자 이름을 변경합니다. 기본적으로 회사에서 사용하는 사번이나 ID를 입력합니다.

2. 작업을 통해서 새로운 뷰가 생성될 경우 그룹을 설정합니다. 기본 값은 좌표로 되어 있습니다.

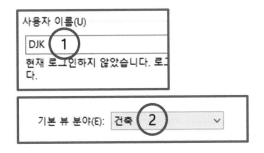

- 이 페이지에서는 단축키 설정하는 방법에 대해서만 다룹니다.
- Revit의 경우 다른 SW와 달리 명령어를 입력한 후 엔터를 치는 경우는 없습니다.
- Revit의 단축키 지정의 경우 두 글자(영문)를 기본으로 합니다.
  예를 들어 Copy의 경우 CO로 표기가 됩니다.
- 한 글자를 단축키로 이용하고 싶을 경우 → Copy = C + Space Bar를 입력합니다.
- 잘 쓰지 않는 기능키(Function Key)도 단축키 지정이 가능합니다.

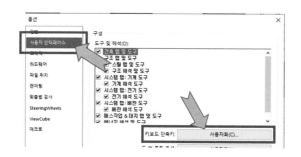

① [사용자 인터페이스] 항목을 선택합니다.

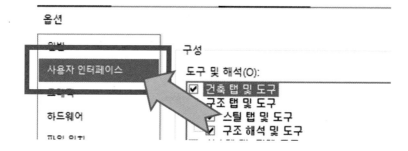

② 중간에 있는 [키보드 단축키] → [사용자화] 상자를 선택합니다.

③ 키보드 단축키 대화 상자를 확인합니다.

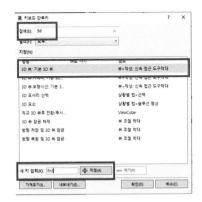

④ 단축키 지정의 경우 색인을 통해서 명령을 검색합니다.

3D View를 많이 사용하므로 단축키 지정을 해보겠습니다. 색인에서 숫자 [3]을 입력합니다.

⑤ 목록에서 3D View를 선택합니다.

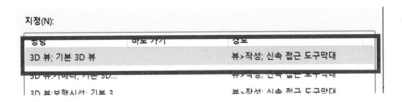

⑥ 단축키 지정 박스안에서 키보드에 있는 [F3]키를 입력합니다.

단축키를 제거할 경우 선택 후 [제거]를 선택합니다.

⑦ 다른 곳에서 작업을 할 경우에 단축키가 필요하면 [내보내기] 박스를 눌러 저장합니다.
  (확장자가 XML로 저장됩니다.) 단축키를 불러올 경우 [가져오기] 버튼을 이용해서 가져옵니다.

⑧ Revit을 충분히 사용해 보시고 본인에게 잘 맞는 단축키 지정을 하시기 바랍니다.

2.4 그래픽

- [그래픽] 탭의 경우는 시스템에 관련한 사항이 있습니다.

  사용상 무리가 없다면 기본 설정을 건드리지 않습니다.

- Revit의 작업 화면은 흰색 바탕에서 작업이 진행됩니다.

  익숙하지 않으시다면 다른 색으로 지정이 가능합니다.

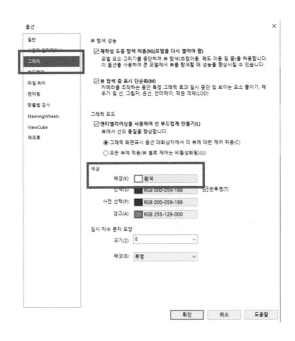

① [그래픽] 탭을 선택합니다.

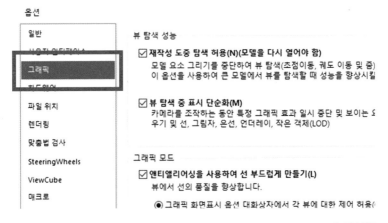

② 색상 [배경]을 선택하여 원하는 배경으로 지정합니다. AutoCAD 사용자의 경우 검은색 계열로 작업하는 경우가 많습니다. 개인의 작업 스타일에 맞춰서 설정하시기 바랍니다.

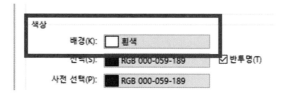

- 작업을 위한 기본 템플릿[건축 템플릿]을 선택합니다.

  → 기본 옵션이 설정되어 있어 초심자도 편하게 작업이 가능합니다.

- 템플릿이 없는 경우 다른 시스템에 설치되거나, 제공한 파일을 이용해서 작업을 할 수 있습니다.
- [새로 작성] → [찾아보기] 명령을 사용해서 다운받은 템플릿을 선택합니다. (DefaultKORKOR.rte)

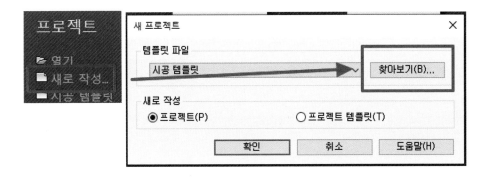

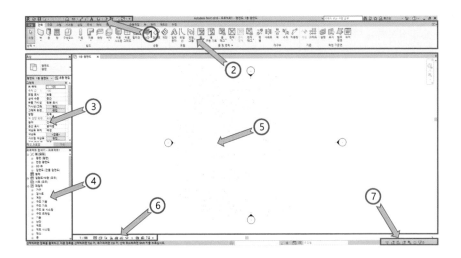

위의 그림과 같이 Revit 작업 화면이 구성되어 있습니다.

① 신속 접근 도구 막대 - 자주 쓰는 기능을 모아 두는 메뉴입니다.

- 원활한 작업을 위해서 신속 접근 도구 막대의 위치를 리본 메뉴 아래로 놓는 것을 추천 드립니다.
  방법은 아래와 같습니다.

- 도구 막대 우측 끝의 풀 다운 메뉴를 누릅니다.

- [리본 아래 표시]를 선택합니다.

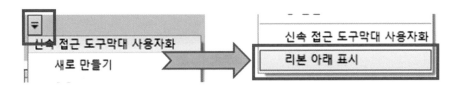

② 리본 메뉴 - Revit의 주요 기능이 들어 있습니다.

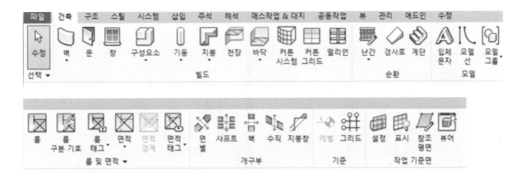

③ 특성 창 - 선택된 객체, 뷰의 특성을 나타내는 메뉴입니다.

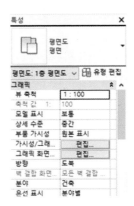

④ 프로젝트 탐색기 - 분류된 뷰를 확인하고 작업하는 메뉴입니다.

- 프로젝트 탐색기의 경우 사용 빈도가 매우 많습니다. 기본설정으로 작업을 해도 무방하지만 범위가 넓을수록 불편할 수 있습니다. 아래와 같이 프로젝트 탐색기를 분리하여 사용하는 것을 추천합니다.

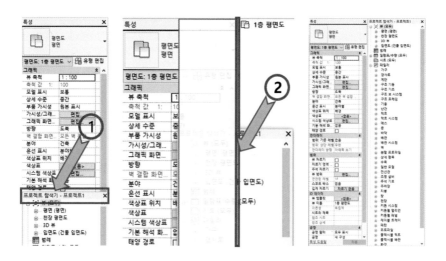

- 1번과 같이 프로젝트 탐색기 패널을 마우스 왼쪽 버튼을 누른 채 드래그하여 분리합니다.
  (마우스 왼쪽 버튼을 누르고 있는 상태로 움직이면 됩니다.)
- 특성 창과 작업 영역 사이로 마우스를 천천히 2번 라인으로 이동하면 중간 그림과 같은 파란색 영역이 나타납니다. 이때 마우스에서 손을 떼면 창의 이동이 마무리됩니다.

⑤ 작업 화면 - 대부분의 작업이 이루어지는 공간입니다.

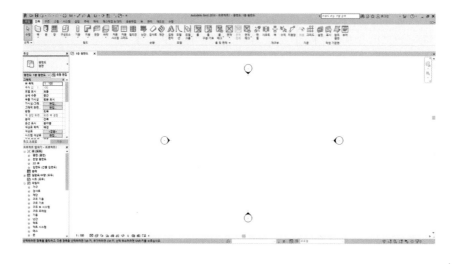

⑥ 뷰 제어 막대 - 화면에 관련한 제어를 설정할 수 있습니다.

⑦ 상태 막대 - 모델의 상태 및 선택을 제어할 수 있습니다.

- 면별 요소 선택 항목을 체크 해제한다.

03 작업 설정

본격적인 작업을 위해서 앞 장까지 기본적인 설정을 진행했다면 이 장에서는 실질적인 작업을 위한 설정입니다.
이 장에서 진행하는 작업은 프로젝트 탐색기의 설정, 임시 치수 설정, 룸 면적 설정, 레벨 생성 등의 작업 방법
등을 학습하게 됩니다.

3.1 프로젝트 탐색기 설정

- 프로젝트 진행 시에 탐색기를 재구성합니다.
- 프로젝트 명을 입력하는 목적도 있습니다.
- 레벨에 맞게 뷰를 조정하고 분야에 맞게 분리하는 역할을 합니다.

① 프로젝트 명을 확인합니다. 확장된 메뉴를 확인합니다.

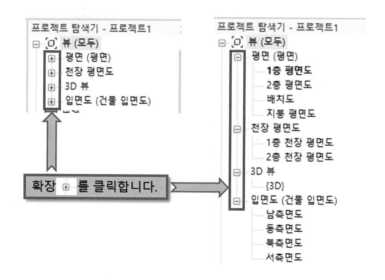

② [뷰(모두)] 이름을 선택 후, [마우스 우 클릭]합니다.

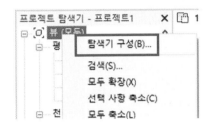

③ 프로젝트 명을 변경하기 위해서 [새로 만들기]를 선택합니다.

　기본으로 제공하는 공정, 분야 등은 선택하지 않습니다.

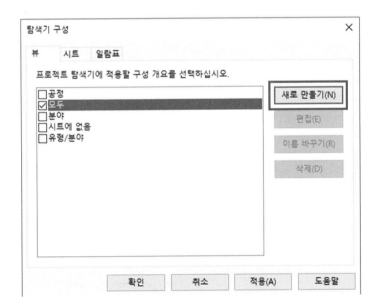

④ 프로젝트 이름을 지정합니다. [기초모델프로젝트]로 지정합니다.

- 회사에서 작업을 하는 경우, 프로젝트의 경우는 진행되는 프로젝트 명을 입력합니다.

(EX - 서초동 OOO 씨 주택, SS16L 프로젝트 등)

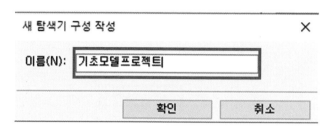

⑤ 프로젝트 명을 입력하고 확인을 누릅니다. 확인을 선택하면 아래 이미지와 같은 화면으로 바뀝니다.

- 그룹 조건을 설정하기 위해서 그룹화 및 정렬을 선택합니다.

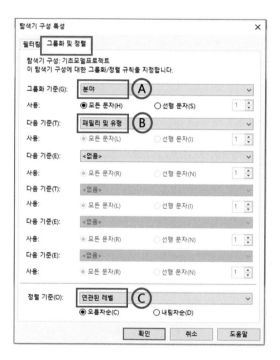

A. [분야] → 작성되는 혹은 작성할 뷰의 분야를 선택합니다. 구조, 건축, 기계, 좌표 등의 분야를 선택할 수 있습니다.

프로젝트 매개변수를 사용해서 분야를 추가할 수도 있습니다.

B. [패밀리 및 유형] → 작업 도면의 이름입니다. 프로젝트 이름을 기준으로 분류합니다.

C. [연관된 레벨] → 평면도를 레벨에 따른 순서대로 배치합니다. 기본값은 문자열 순서입니다.

⑥ [기초모델프로젝트]를 선택하고 [확인]을 누릅니다.

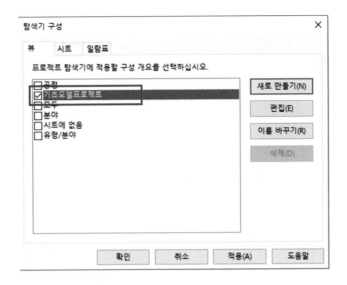

⑦ 변경된 탐색기를 확인합니다.

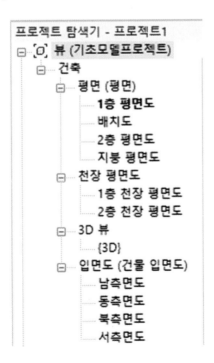

⑧ [배치도]는 원활한 프로젝트 진행을 위해서 따로 분리합니다.

　배치도를 선택한 후 분야를 [좌표]에서 [건축]으로 변경합니다.

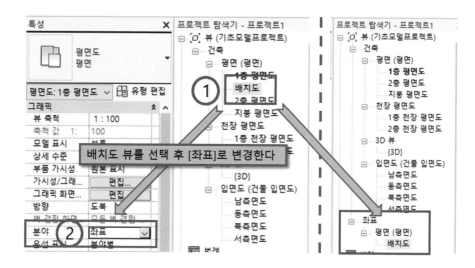

3.2 임시 치수 설정

- 임시 치수는 작업 중에 특정 객체 [벽]을 선택하였을 경우 나타나는 치수 선을 뜻합니다.
  임시 치수의 경우 정 치수와는 다르게 고정 치수가 아닙니다.
- Revit은 작업 시에 벽체 중심이 아닌 내부를 기준으로 치수가 기입이 됩니다.

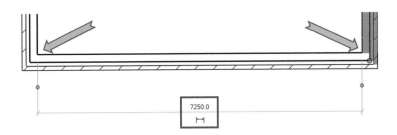

- 꼭 변경을 할 필요는 없지만 작업의 편의성을 위해서 벽체 중심으로 변경하는 것을 추천합니다.
- 방법은 아래와 같습니다.

① [관리] 탭에 있는 [추가 설정]을 선택합니다.

② [풀 다운 메뉴] 하단의 [임시 치수]를 선택합니다.

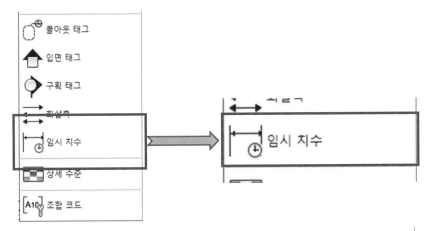

③ 임시 치수 특성 패널에서 [면]을 [중심선]으로 변경합니다.

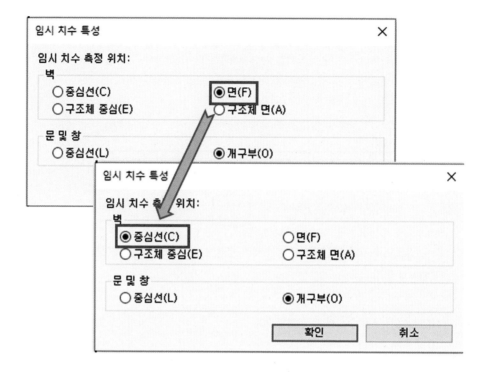

④ 임시 치수가 변경되었음을 확인할 수 있습니다.

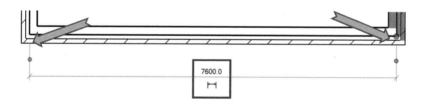

쌩초보를 위한 **Revit** 기초

3.3 룸 면적 설정

- Revit을 활용해서 모델링 작업을 진행하면 각 실 별로 이름을 지정할 경우가 있습니다.
- 기본값은 위의 임시 치수와 같이 [마감]이 기본으로 설정되어 있습니다.
- 정확한 면적이나 체적을 산출하기 위해서 [마감]이 아닌 [중심]으로 변경을 해야 합니다.
- 방법은 아래와 같습니다.

① [건축 탭]에 있는 [룸 및 면적]을 선택합니다.

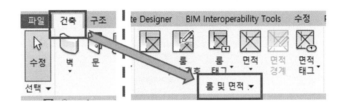

② [풀 다운 메뉴]에 있는 [면적 및 체적 계산]을 선택합니다.

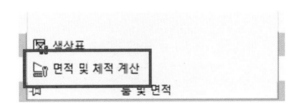

③ [면적 및 체적 계산] 창에 있는 옵션 [벽 마감에서]를 [벽 중앙에서]로 변경한다.

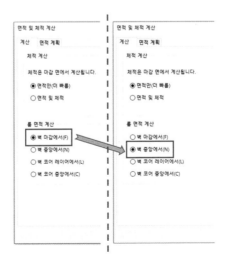

3.4 레벨 정리

- 레벨은 그리드와 더불어 프로젝트 진행 시에 매우 중요한 기능입니다.
- Revit에서 생성되는 레벨은 각 층 도면으로 이해하는 것이 좋습니다.
- 이번 장에서는 기존 레벨을 변경하는 방법을 알아보도록 하겠습니다.
- 방법은 아래와 같습니다.

① 레벨 수정을 위해서 [남측면도]를 더블 클릭합니다.
Revit에서 레벨의 높이는 반드시 입면도 중의 하나에서 작업해야 합니다.

② 아래의 이미지와 같이 [평면 뷰의 이름]과 [실제 레벨의 이름]이 다른 것을 알 수 있습니다.

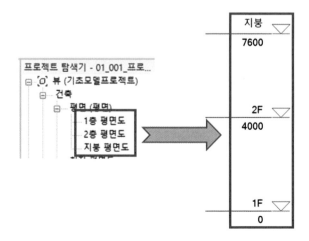

③ 레벨은 수평 [레벨 선]을 기준으로 선 위는 [이름]이 입력됩니다.

아래쪽의 숫자는 [고도(높이)]입니다.

④ 이름을 변경할 경우 [프로젝트 탐색기]에서는 천천히 [두 번 클릭]하는 방법과 [기능키 F2]를 눌러

이름을 변경할 수 있습니다. [프로젝트 레벨]의 경우는 [이름을 두 번 클릭]하여 이름을 변경할 수 있습니다.

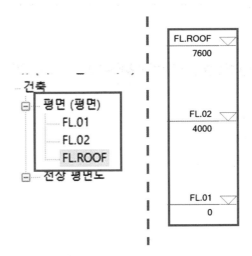

⑤ 이름을 지정할 경우 작업의 연속성을 위해서 이름의 끝이 숫자가 될 수 있도록 합니다.

- Revit에서 문자열을 복사할 경우 [a, b, c ……] 이런 식으로 배치가 됩니다.
  숫자로 끝자리를 설정할 경우 순번대로 복사가 진행됩니다.
- 프로젝트 탐색기와 작업 내의 레벨의 이름이 같을 경우 이름이 동시에 변경됩니다.

- Grid는 건축에서 사용되는 중심선의 용도로 이해를 하는 것이 좋습니다.

  벽체의 중심이 되거나 프로젝트의 기준으로 사용하기 때문입니다.

- 용도에 따라 Main Grid, Sub Grid로 분류됩니다.

- Grid의 일반적인 작도 방법은 다음과 같이 작업합니다.

① Grid 명령은 [건축] 탭과 [구조] 탭 양쪽에 위치하고 있으며, 어떤 탭에서 사용하여도 무방합니다.

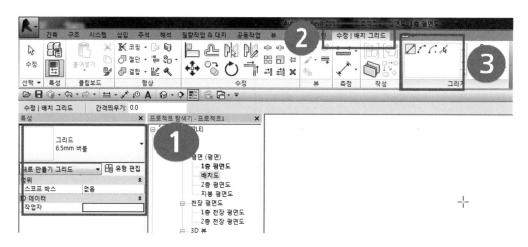

② [①] 그리드의 종류 및 유형을 결정합니다. [②] 그리드 선택 시 리본 메뉴가 자동으로 변경이 되며
　작업을 취소할 경우 키보드에 있는 [ESC]키를 두 번 연속 누르면 초기화됩니다.
　[③] 작도 방법을 선택하는 것으로 [선그리기]를 이용해서 그리는 것이 일반적인 방법입니다.

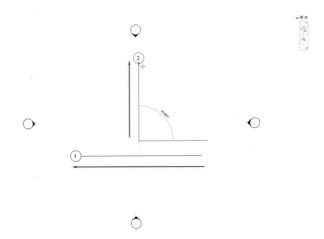

③ Grid Line을 그리는 방법은 수직선의 경우 아래에서 위로, 수평선의 경우 우에서 좌로 그리는 것이
　일반적인 방법입니다. 이는 버블의 위치를 동일하게 맞추기 위해서입니다.

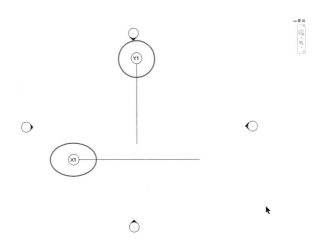

④ Grid를 작도한 뒤 버블을 두 번 선택하면 문자열을 편집할 수 있습니다.

04 Function Summation

4.1 벽체

4.1.1 벽체 그리기

① 명령 선택하기

- [건축 탭]과 [구조 탭]에 벽체 작성하는 명령인 [벽]이 있습니다. 이번 장에서는 [건축 벽]에 대해서만 다루겠습니다.

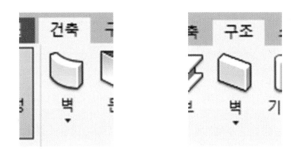

② 건축 벽과 구조 벽의 차이

- 아래와 같이 건축에서 작성되는 벽은 기본적으로 [높이 값]을 가집니다. 구조 벽은 [깊이 값]을 가집니다.
- 이 책에서는 [건축 벽]만 다루도록 하겠습니다. [구조 벽]에 대한 내용은 다음 책에서 보다 자세히 다루도록 하겠습니다.

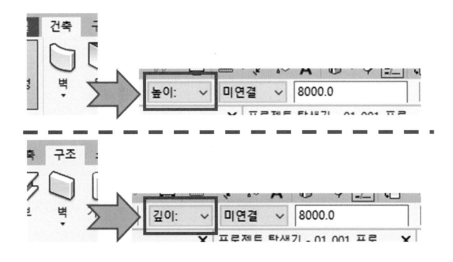

③ 벽체 작성하기

- 건축 탭의 벽 명령을 선택합니다.

- 명령이 실행되면 아래와 같이 리본 메뉴가 변경됩니다.
  수정 탭은 아래와 같이 수정 부분과 작성 부분으로 나누어집니다.

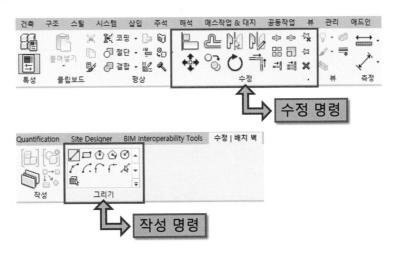

- 원하는 첫 지점에서 마우스 왼쪽 버튼을 클릭합니다. 이어서 두 번째 지점을 선택하면 벽체가 생성이 됩니다.
  벽체 작성 시 드래그하지 않습니다.

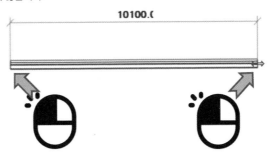

- 연속하는 벽체를 작성할 경우 마우스 왼쪽 버튼을 이용해서 연속적으로 원하는 지점을 선택하면 됩니다.

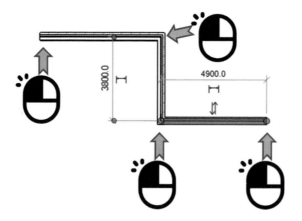

　　쌩초보를 위한 **Revit** 기초

4.1.2 벽체 작성 명령

- [벽] 명령을 실행한 후 [수정 탭]에 [그리기] 옵션을 이용합니다.

명령 아이콘	작성 방법
	 Line 1. 시작점을 선택합니다. 2. 끝나는 점을 선택합니다.
	 Rectangle 1. 시작점을 선택합니다. 2. 대각선 끝나는 점을 선택합니다.
	 내접 다각형 1. 중심점을 선택합니다. 2. 내접하는 반지름 끝점을 선택합니다.

명령 아이콘	작성 방법
	외접 다각형 1. 중심점을 선택합니다. 2. 외접하는 반지름 끝점을 선택합니다.
	Circle 1. 중심점을 선택합니다. 2. 반지름 끝점을 선택합니다.
	Circle - S, E, C 1. 호의 시작점을 선택합니다. 2. 호의 끝점을 선택합니다. 3. 반지름을 선택합니다.

쌩초보를 위한 **Revit** 기초

명령 아이콘	작성 방법
	Circle - C, S, E 1. 호의 줌심점을 선택합니다. 2. 호의 시작점을 선택합니다. 3. 호의 끝점을 선택합니다.
	모깍기-호 1. 두 개의 벽을 선택합니다. 우선 순위는 없습니다. 2. 반지름을 입력합니다.

4.1.3 벽 구속 조건

- Revit에서 벽을 작성하게 되면 기본적으로 구속 조건이 생성됩니다.

  기본적으로 벽을 만들면 [미연결]되어 있고 높이 [8000]이 입력됩니다.

- 벽을 평면에서 수직으로 작성 후, 남측면도로 이동해서 높이를 확인합니다.
- Revit에서 벽을 작성할 경우 옥탑이 아닌 경우 레벨에서 레벨까지 벽체를 그립니다.

  즉 1층에서 벽을 그릴 경우 상단은 2층에 구속될 수 있게 합니다.

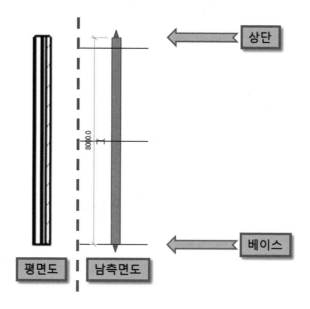

- 방법은 벽체 명령을 실행하고 작성하기 전에 구속 레벨을 선택합니다.

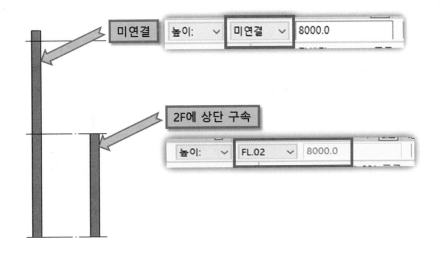

- 상단과 하단의 구속을 조정하는 방법은 벽을 선택한 후 특성에서 변경할 수 있습니다.
  베이스와 상단 두 부분으로 나눠서 조정이 가능합니다.

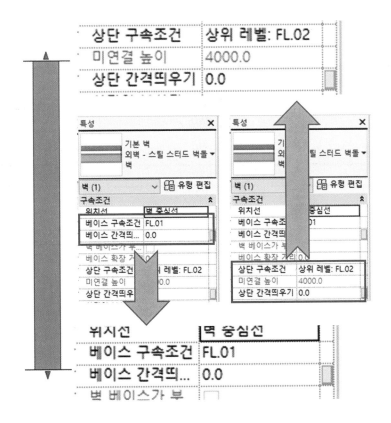

- 베이스 구속 조건의 경우, [특성] 패널 [베이스 간격 띄우기] 창에 [+ 값]이 입력되면 레벨의 위로,
  [- 값]은 레벨 하단으로 벽의 높이를 조정할 수 있습니다.

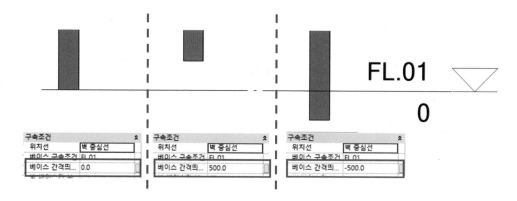

- 상단 구속 조건의 경우, [특성] 패널 [베이스 간격 띄우기] 창에 [+ 값]이 입력되면 레벨의 위로,
  [- 값]은 레벨 하단으로 벽의 높이를 조정할 수 있다.

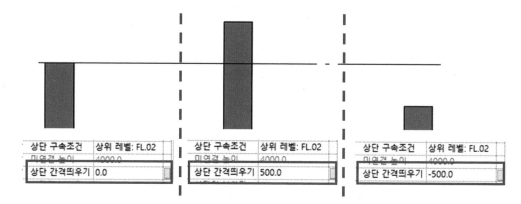

4.1.4 벽체 편집하기

- Revit의 경우 객체를 선택하면 해당 객체의 편집에 관련된 수정 탭이 나타납니다.

- 수정 명령은 아래의 [수정 탭] 안에 있습니다.

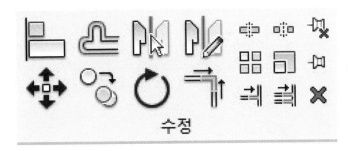

수정

- 대표적인 편집 명령

아이콘	명령	명령 이름	사용 방법
⇶	TR	코너 편집하기	명령을 입력(선택)합니다. 1. 두 객체를 선택하여 모서리를 정리합니다. 2. 객체 선택의 순서는 상관없습니다. 3. 객체 선택 시 두 개의 객체 내측을 기준으로 코너 명령이 적용됩니다.

작업 전   선택   작업 후

아이콘	명령	명령 이름	사용 방법
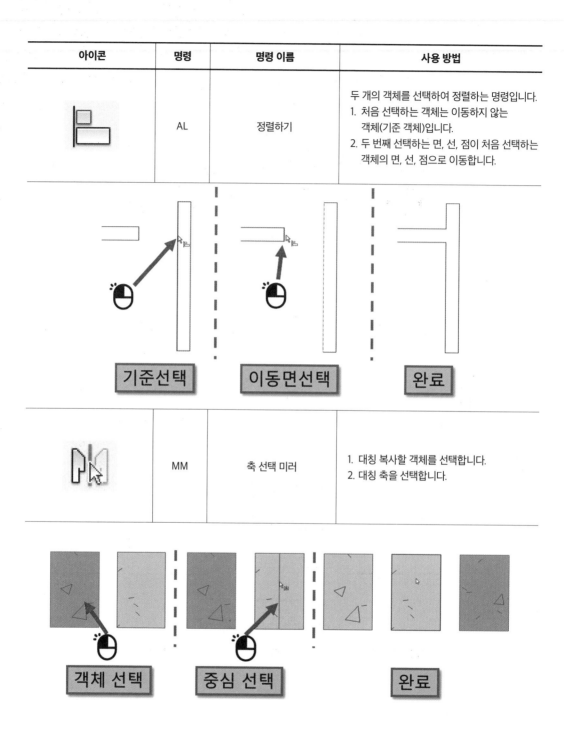	AL	정렬하기	두 개의 객체를 선택하여 정렬하는 명령입니다. 1. 처음 선택하는 객체는 이동하지 않는 객체(기준 객체)입니다. 2. 두 번째 선택하는 면, 선, 점이 처음 선택하는 객체의 면, 선, 점으로 이동합니다.
			기준선택 이동면선택 완료
	MM	축 선택 미러	1. 대칭 복사할 객체를 선택합니다. 2. 대칭 축을 선택합니다.
			객체 선택 중심 선택 완료

아이콘	명령	명령 이름	사용 방법
	DM	축 그리기 미러	1. 대칭 복사할 객체를 선택합니다. 2. 대칭 축을 그립니다. 축 선을 그리는 순서는 중요하지 않습니다.

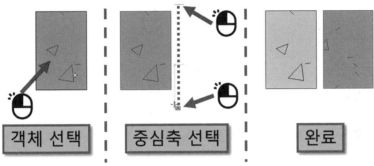

아이콘	명령	명령 이름	사용 방법
	SL	절단	1. 벽이나 스케치의 특정 지점을 클릭합니다. 2. 두 개의 객체로 나누어집니다. 3. 여러 번 선택하지 않도록 합니다.

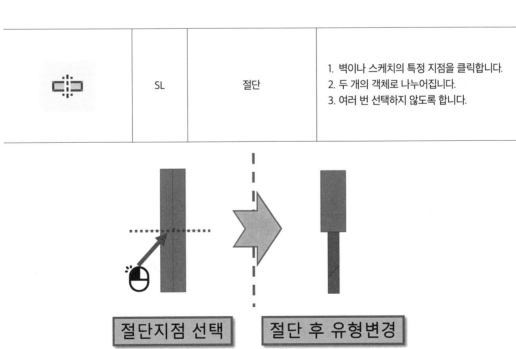

아이콘	명령	명령 이름	사용 방법
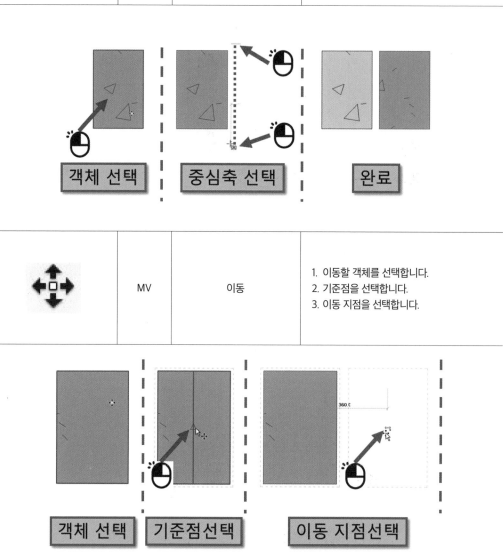	CO	복사	1. 복사할 객체를 선택합니다. 2. 기준점을 선택합니다. 3. 이동 지점을 선택합니다.

객체 선택   중심축 선택   완료

아이콘	명령	명령 이름	사용 방법
	MV	이동	1. 이동할 객체를 선택합니다. 2. 기준점을 선택합니다. 3. 이동 지점을 선택합니다.

객체 선택   기준점선택   이동 지점선택

아이콘	명령	명령 이름	사용 방법
	RO	회전	1. 회전할 객체를 선택합니다. 2. 회전 기준점을 선택합니다. 3. 회전 각도를 입력합니다.

객체 선택 **회전 시작점** **회전 끝점**

4.1.5 벽체 작성 시 주의 사항

- Revit 프로그램을 이용해서 벽을 작성 시에 두 가지 주의 사항이 있습니다.
- 벽 명령을 이용해서 벽을 작성하면 벽과 벽이 근접하면 붙는 속성이 있습니다.
  이는 결합 금지로 해결이 가능합니다.
- 벽을 작성에서 마감 방향을 주의해서 작업해야 합니다.
  구조벽 작업은 상관없으나 마감벽 작성 시에 마감 방향은 매우 중요합니다.

① 결합 금지

- 벽을 작성 중에 교차 지점이나 끝 지점, 혹은 다른 재질이나 유형의 벽체를 작성하는 경우 생기는 문제입니다.
- 아래의 이미지와 같이 벽체가 자동으로 붙는 것을 확인할 수 있습니다.

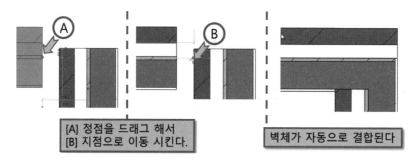

[A] 정점을 드래그 해서
[B] 지점으로 이동 시킨다.

벽체가 자동으로 결합된다

- 벽이 붙는 것을 막아주는 명령이 [결합금지]입니다.
- 그려진(사전에 변경 불가능합니다) 벽을 선택합니다.

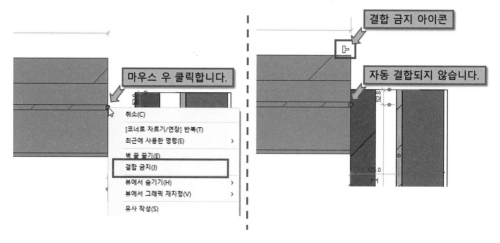

- 양쪽 끝단에 나타나는 정점 위에 마우스 커서를 놓고 우클릭합니다.
- 메뉴에서 [결합금지]를 선택합니다.

② 마감 방향

- 아래의 이미지와 같이 벽을 선택하면 사각형 상자 안의 아이콘을 볼 수 있습니다.
- 이 아이콘이 마감벽의 방향을 나타냅니다.

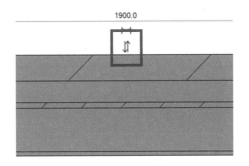

- 최종 마감면의 방향을 주의하여 작업을 할 수 있도록 합니다.
- 마감의 방향은 [Space bar]를 눌러서 변경할 수 있습니다.

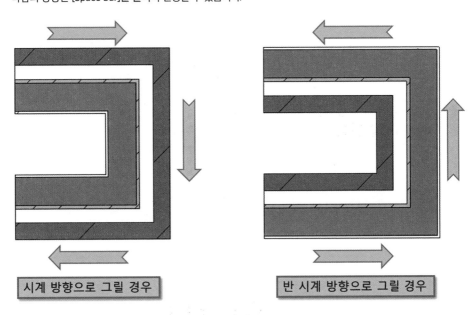

- 벽을 작성하는 방향에 따라서 마감면의 방향도 변화됩니다.
- 외벽의 경우 [시계 방향], 내벽의 경우 [반시계 방향]으로 작성하면 마감면을 쉽게 제어할 수 있습니다.

- Revit 프로그램에서 바닥은 스케치 명령으로 분류합니다.
- 스케치 기반 명령으로는 바닥, 천정, 지붕이 있습니다. 바닥을 기준으로 스케치 기반 명령을 학습하겠습니다.
- 바닥은 작업하고 있는 레벨에 자동으로 구속이 됩니다.
- 스케치 기반의 명령은 반드시 확인이나 취소를 해야 명령이 완성됩니다.
- 바닥은 입면도에서는 작업할 수 없습니다.

4.2.1 바닥 작성하기

- 바닥은 객체가 닫힌 상태일 때만 작성이 됩니다.
- 바닥 명령은 건축 탭과 구조 탭에 각각 자리합니다.

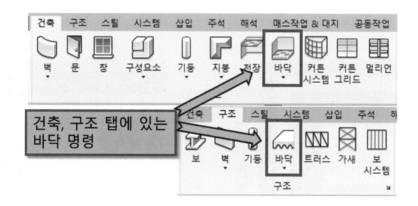

- 건축, 구조에 크게 상관은 없지만 작업 성격에 맞는 탭에서 사용합니다.
- 바닥은 두께에 상관없이 작성 레벨 아래쪽으로 그려집니다.

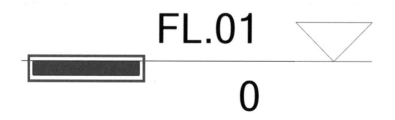

① 바닥 명령을 실행합니다.

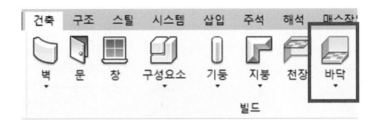

② 스케치[A]를 사용해서 원하는 바닥을 작성합니다.

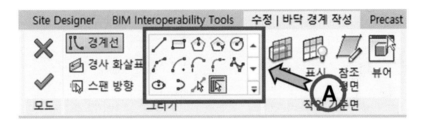

③ 스케치 기능은 벽체 스케치와 동일합니다.

명령 아이콘	작성 방법
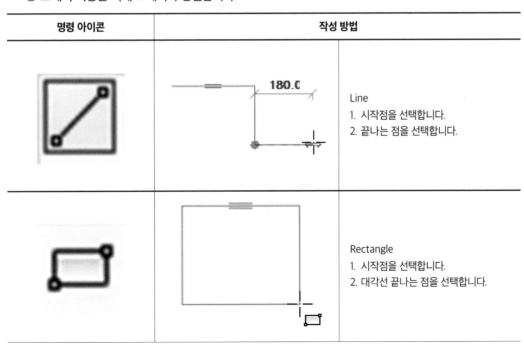	Line 1. 시작점을 선택합니다. 2. 끝나는 점을 선택합니다.
	Rectangle 1. 시작점을 선택합니다. 2. 대각선 끝나는 점을 선택합니다.

명령 아이콘	작성 방법
	내접 다각형 1. 중심점을 선택합니다. 2. 내접하는 반지름 끝점을 선택합니다.
	Circle 1. 중심점을 선택합니다. 2. 반지름 끝점을 선택합니다.
	Circle - S, E, C 1. 호의 시작점을 선택합니다. 2. 호의 끝점을 선택합니다. 3. 반지름을 선택합니다.
	Circle - C, S, E 1. 호의 줌심점을 선택합니다. 2. 호의 시작점을 선택합니다. 3. 호의 끝점을 선택합니다.

명령 아이콘	작성 방법
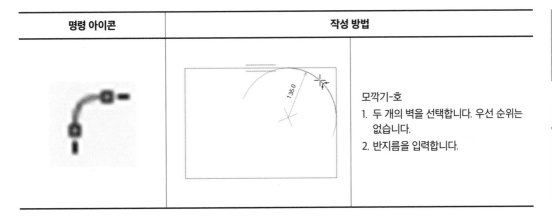	모깍기-호 1. 두 개의 벽을 선택합니다. 우선 순위는 없습니다. 2. 반지름을 입력합니다.

④ 바닥 작성이 끝나면 반드시 완료[B]를 선택합니다.

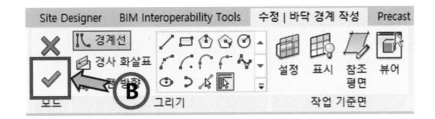

4.2.2 작성 시 유의 사항

- 바닥 명령은 스케치 기반의 명령입니다.

- 대부분 바닥이 안 그려지는 경우는 승인 혹은 취소를 하지 않은 경우입니다.

- 그 외에는 아래의 경우가 해당됩니다.

① 스팬 방향

   - 바닥 작성을 할 경우 드문 경우이지만 아래와 같이 스팬 방향을 나타내는 기호가 빠지는 경우가 있습니다.

   - 이 경우 스팬 방향 명령을 실행합니다.

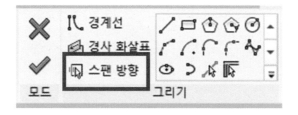

   - 방향을 지정합니다.

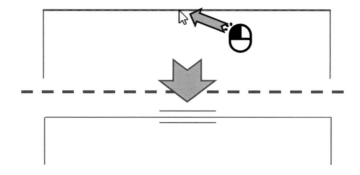

- 완료합니다.

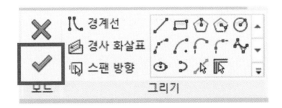

② 바닥 작성이 불가능한 경우

- 바닥 작성 시 오류가 뜨는 경우가 몇 가지 있습니다.
- 모서리 지점이 닫히지 않은 경우

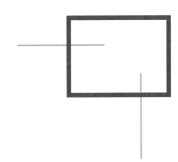

- 스케치 라인이 겹치거나 교차하는 경우

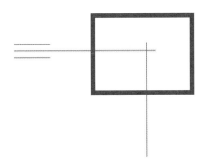

③ 바닥 레벨 조정

- 바닥 작성 시 레벨에 맞춰 바닥의 깊이 값을 조정할
  경우가 있습니다.
- 바닥 레벨을 조정해야 할 경우 바닥을 선택한 후
  [특성 탭]에서 [레벨로부터 높이 값]을 변경합니다.
- 바닥의 레벨 기본 값은 [0]입니다.

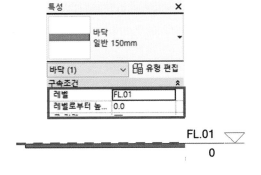

- 레벨 높이를 +500으로 바꾸면 레벨 위로 바닥이 이동합니다.

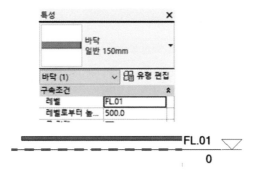

- 레벨 높이를 -500으로 바꾸면 레벨 밑으로 바닥이 이동합니다.

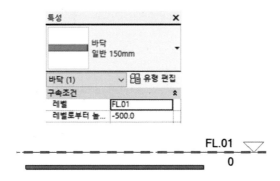

쌩초보를 위한 **Revit** 기초

4.2.3 바닥 스케치 편집하기

- 바닥은 스케치 기반 명령으로 벽과는 다른 방식을 사용합니다.

① 편집할 바닥을 선택합니다.

② 경계 편집 명령을 실행합니다.

③ 스케치를 편집합니다.

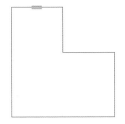

④ 완료 명령을 선택합니다.

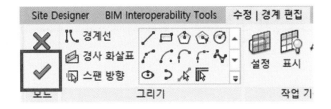

- Revit 프로그램에서 바닥은 스케치 명령으로 분류합니다.
- 스케치 기반 명령으로는 바닥, 천정, 지붕이 있습니다.
  바닥을 기준으로 스케치 기반 명령을 학습하겠습니다.
- 바닥은 작업하고 있는 레벨에 자동으로 구속이 됩니다.
- 스케치 기반의 명령은 반드시 확인이나 취소를 해야 명령이 완성됩니다.
- 바닥은 입면도에서는 작업할 수 없습니다.

4.3.1 지붕 작성하기

① 지붕 명령은 [건축] 탭에 있습니다.

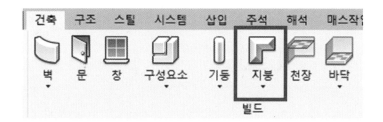

② 지붕 명령을 실행하게 되면 바닥과 동일한 스케치 명령을 사용할 수 있습니다.

①번 스케치 항목을 이용해서 바닥 스케치를 할 수 있으며,

②번 완료 혹은 취소를 해서 명령을 종료할 수 있습니다.

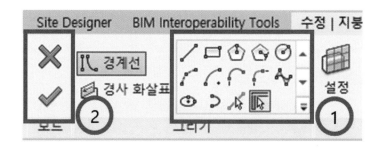

③ 간단하게 직사각형을 작성하면 그림과 같이 각 변에 직각삼각형이 붙는 것을 확인할 수 있습니다. 이 기호가 선에 붙는 경우 경사가 형성됩니다.

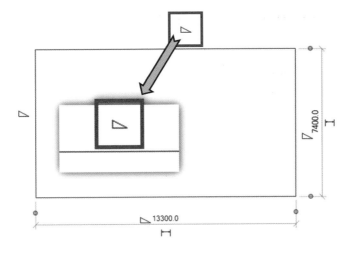

④ 선을 선택하게 되면 삼각형 기호 옆에 현재 각도가 표기됩니다.

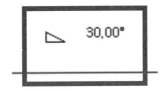

⑤ 경사의 각도를 조정할 경우는 스케치 선을 선택한 후 그림과 같이 경사 각도를 조정하면 됩니다.

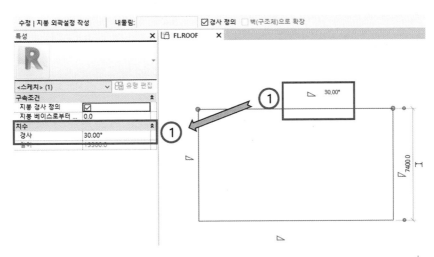

⑥ 경사를 제거하고 싶을 경우는 [경사 정의], [지붕 경사 정의]를 체크 해제하면 됩니다.

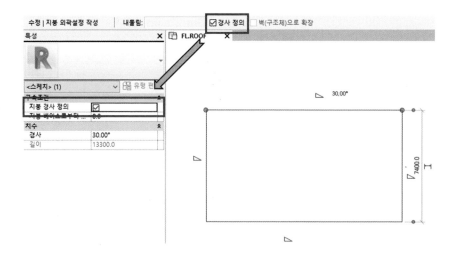

쌩초보를 위한 **Revit** 기초

4.3.2 지붕 작성 예

다음은 경사 정의의 유무에 따른 지붕의 변화입니다.

① 4면에 경사 정의가 되어 있는 경우

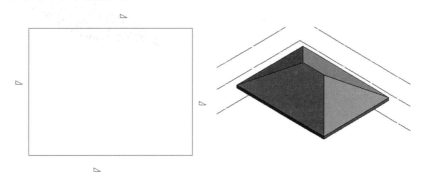

② 3면에 경사 정의가 되어 있는 경우

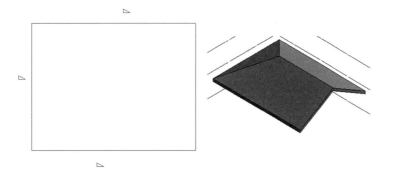

③ 2면에 경사 정의가 되어 있는 경우

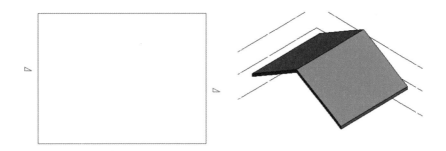

④ 1면에 경사 정의가 되어 있는 경우

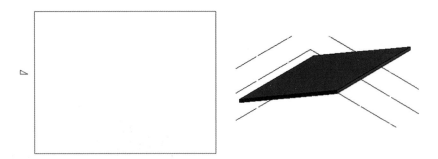

4.4 계단

- 계단은 Revit 모델에서 수직을 연결해주는 매우 대표적인 명령입니다.
- 작성 시에 가장 주의할 점은 [레벨], [디딤판의 깊이] 값입니다.
- 기본편 교재에서는 간단한 옵션만을 이용해서 작성하도록 하겠습니다.

4.4.1 계단 작성하기

① 계단 명령은 [건축] 탭에 있습니다.

② 계단 명령도 스케치 기반 명령입니다.

바닥이나 지붕과 같이 작성 후 반드시 [완료], [취소]를 선택해야 합니다.

③ 작성 전에 레벨과 디딤판의 깊이 값을 반드시 지정합니다.

- 베이스 레벨은 계단 작성 시에 시작점이 되는 레벨입니다.
- 상단 레벨은 계단 작성 시에 끝나는 지점의 레벨입니다.
- 실제 디딤판의 깊이는 계단 말판의 실제 값을 입력합니다. 일반적인 계단의 경우 250, 270을 입력합니다.

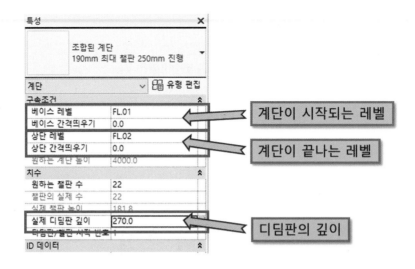

④ 계단의 시작점 ①을 선택합니다. ②종료 지점을 선택합니다.

Ⓐ는 계단을 그릴 수 있는 남은 단수를 표시합니다.

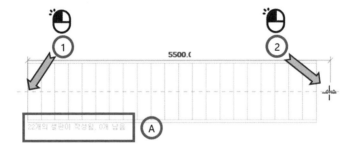

⑤ 완성된 모습입니다.

4.4.2 진행방향에 따른 계단 작성

\- Revit에서 계단은 위치선에 따라서 위치가 달라집니다.

① 위치선 - 중심. 계단의 중심과 일치합니다.

계단 진행 방향 - 중심

② 위치선 - 왼쪽. 계단 진행방향의 좌측과 일치합니다.

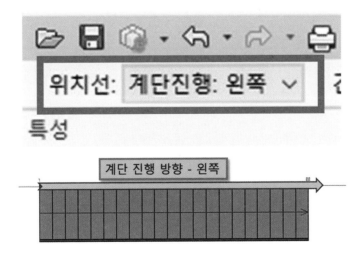

계단 진행 방향 - 왼쪽

③ 위치선 - 오른쪽. 계단의 진행방향의 우측과 일치합니다.

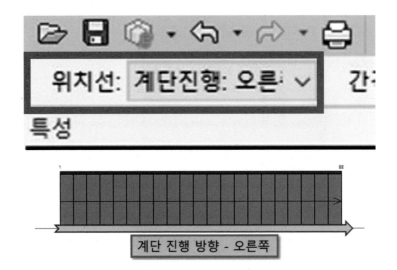

계단 진행 방향 - 오른쪽

4.4.3 계단 작성 유형

- 계단 작성 시에 정점을 추가하면 계단 참을 작성할 수 있습니다.

① 계단을 실행합니다.

② 시작점을 선택합니다. 중간 끝점을 선택합니다. 중간 시작점을 선택합니다.
  계단의 끝나는 점을 선택합니다.

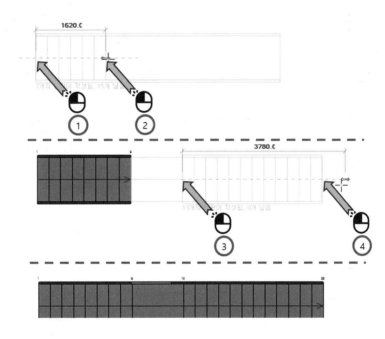

③ 아래와 같이 완성된 모습을 확인할 수 있습니다.

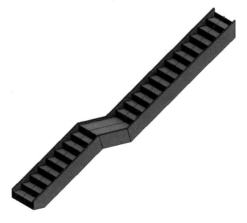

- 계단 작성 시 아래의 사례와 같이 응용할 수 있습니다.

① 직각 계단 작성

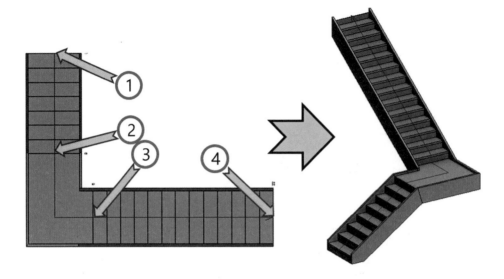

② 돌림 계단 작성

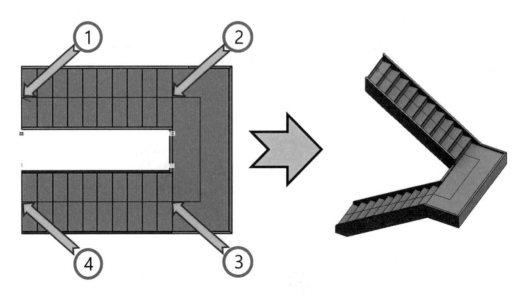

쌩초보를 위한 **Revit** 기초

4.5 창문 및 문 삽입

- Revit은 여러 가지 형태의 패밀리를 사용합니다.
- 기본 개념은 저장된 모델을 가져와 쓴다고 보면 됩니다.
- 패밀리의 경우 특정 조건을 만족해야만 사용 가능합니다.
  문, 창문의 경우 반드시 벽이 있어야 작성이 됩니다.

4.5.1 패밀리 로드
- 외부에서 파일을 가져 올 경우 [삽입] 탭을 사용합니다.

① 창 패밀리 사용을 위해서 [삽입] 탭에 있는 [패밀리 로드]를 실행합니다.

② [Korea] 폴더 내에 있는 [창] 폴더를 오픈합니다.

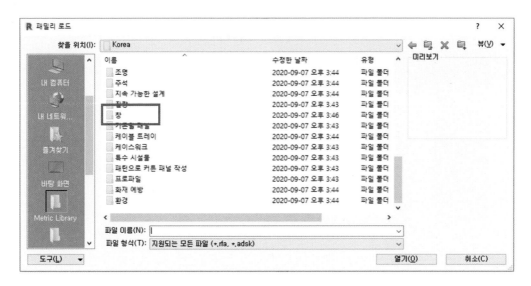

③ [AW11.rfa] 파일을 선택한 후 확인을 누릅니다.

④ 프로젝트에 사용할 문도 같은 방법을 사용합니다.

⑤ [Korea] 폴더 내에 있는 [문] 폴더를 오픈합니다.

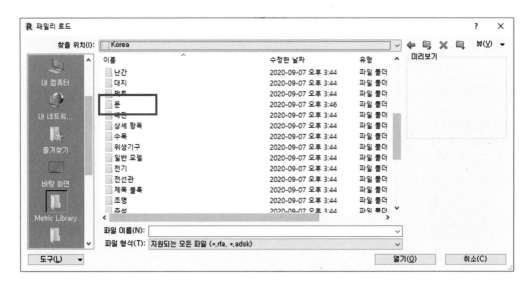

쌩초보를 위한 **Revit** 기초

⑥ [SD1 3.rfa] 파일을 선택한 후 확인을 누릅니다

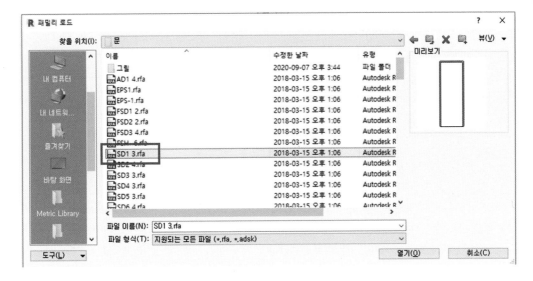

4.5.2 문 및 창문의 유형 작성

- 작업 전에 반드시 벽이 작성되어 있어야 합니다.
- 문과 창문은 벽 기반 패밀리입니다.

① [건축] 탭에 있는 [문] or [창] 명령을 선택합니다.

② 삽입 전에 유형에서 가져온 패밀리를 선택합니다.

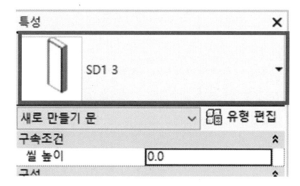

③ 프로젝트에 맞는 이름을 적용하기 위해서 [유형 편집]을 선택합니다.

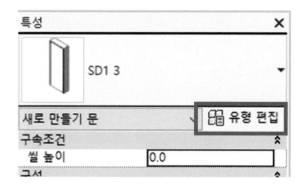

④ 프로젝트에 사용할 유형을 만들기 위해서 유형 특성에서 [복제]를 선택합니다.

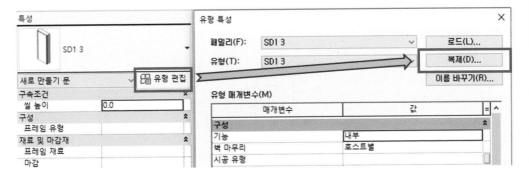

⑤ 유형의 이름을 [K_1000 X 2100]으로 지정합니다.

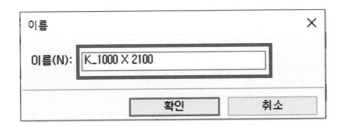

⑥ 객체에 치수를 반영하기 위해서 치수를 수정한 후 확인을 누릅니다.

유형 특성		
패밀리(F):	SD1 3	로드(L)...
유형(T):	K_1000 X 2100	복제(D)...
		이름 바꾸기(R)...

유형 매개변수(M)

매개변수	값	=
구성		
기능	내부	
벽 마무리	호스트별	
시공 유형		
재료 및 마감재		
문 패널	SD1 문 패널	
문 프레임	SD1 문 프레임	
치수		
높이	2100.0	
폭	1000	
대략적인 폭		
대략적인 높이		
두께		

4.5.3 문 및 창문의 삽입

① 명령을 실행합니다.

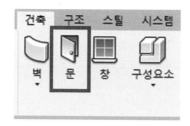

② 원하는 유형을 선택합니다.

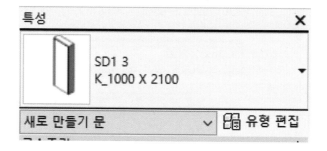

③ 벽 위로 마우스를 이동시킵니다.

④ 원하는 자리를 클릭합니다. 문의 위치는 문을 선택한 후 임시 치수를 사용해서 조정합니다.

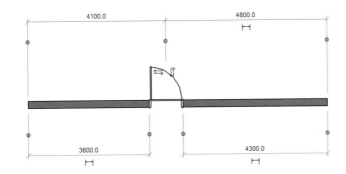

⑤ 문을 선택한 후 스페이스 바를 눌러서 문의 열리는 방향을 바꿀 수 있습니다.

⑥ 문을 선택한 후 실 높이를 사용해서 문이나 창문의 높이를 조정합니다.

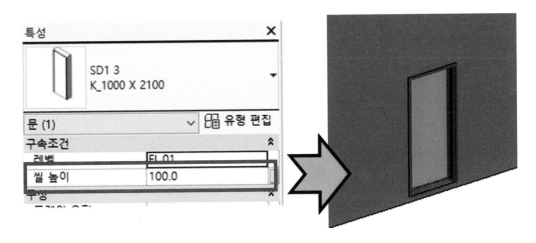

Practice example 1

5.1 준비하기

- 간단한 예제를 통한 기능 학습에 초점을 맞춰서 학습합니다.
- 교재의 순서대로 작업을 진행합니다.
- 궁금한 점은 본 교재의 내용이나 카페 게시판 질문 답변을 이용해 주시기 바랍니다.

5.1.1 프로젝트의 시작

- Revit 2019를 실행합니다.
- 프로젝트 진행을 위해서 기본 템플릿을 아래 그림과 같이 선택합니다.

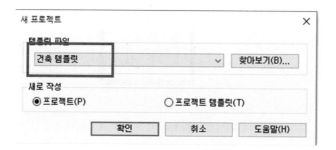

5.1.2 임시 치수 설정

- Revit은 기본적으로 객체를 선택할 경우 [임시 치수]가 나타납니다.
- 문제는 이 임시 치수의 기본 설정이 벽의 마감면이 기준이라는 점입니다.
- 올바른 치수 기입 및 작업을 위해서 임시 치수의 설정을 변경합니다.

　① [관리] 탭으로 이동합니다. 추가 설정을 실행합니다.

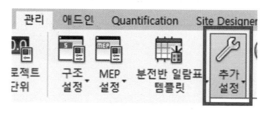

② 추가 설정 하단의 풀 다운 메뉴에서 임시 치수를 실행합니다.

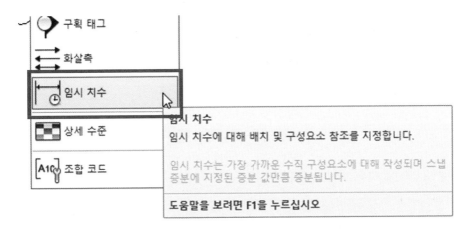

③ 임시 치수 특성 창에서 벽의 [중심선]을 선택합니다.

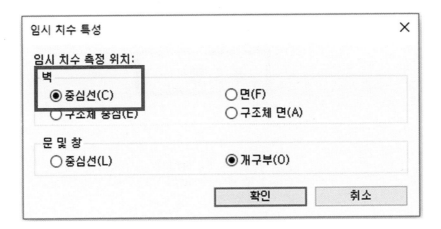

5.1.3 룸 태그 설정

- 이번 장에서는 기본 설정만 다룹니다.

- 기본 설정에 포함되는 작업입니다.

① [건축] 탭으로 이동합니다.

② [룸 및 면적] 풀 다운 메뉴를 선택합니다.

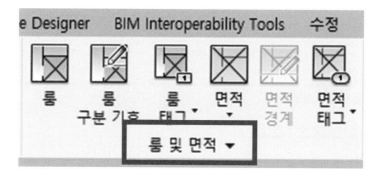

③ [면적 및 체적 계산]을 선택합니다.

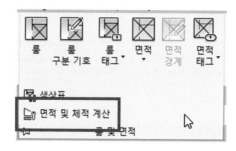

④ 룸 면적 계산 항목에서 [벽 중앙에서]를 선택한 후 확인을 누릅니다.

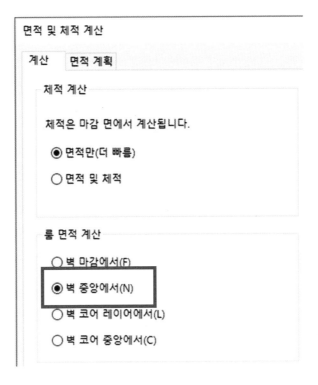

5.2.1 프로젝트 탐색기 구성

- 프로젝트 진행을 할 경우 원활한 작업을 위해서 레벨 순서대로 뷰를 정리하는 것이 좋습니다.
- 이 경우 분야를 적용해서 건축과 구조 등으로 분류해서 작업할 수 있습니다.

① 프로젝트 탐색기 [뷰(모두)]를 마우스 우클릭합니다.

② [탐색기 구성]을 선택합니다.

③ [새로 만들기]를 선택한 후 [프로젝트 이름]을 임의로 지정합니다.

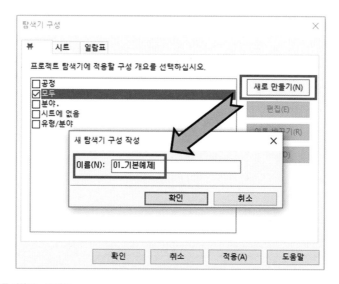

④ 작업 뷰의 그룹화를 위해서 [분야], [패밀리 및 유형], [연관된 레벨]을 선택합니다.

분야 - 건축 및 구조 등의 분야를 지정합니다.

패밀리 및 유형 - 뷰의 이름을 적용합니다.

연관된 레벨 - 작성된 레벨의 순서대로 레벨을 배치합니다.

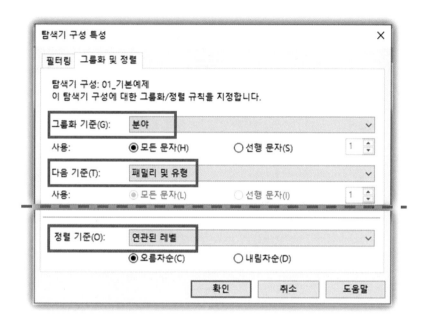

⑤ 프로젝트 이름을 선택합니다. 확인을 선택합니다.

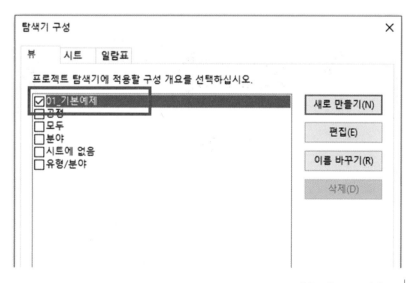

5.2.2 입면도 범위 설정

- Revit을 이용해서 작업을 진행하면 모델 입면의 모습이 완전히 안 보이는 경우가 있습니다.

- 이는 입면도의 범위 설정에 관련되어서 옵션을 변경하지 않았기 때문에 생기는 현상입니다.

- 간단하게 옵션 수정 하는 작업을 통해서 범위를 조정할 수 있습니다.

① 작업 화면에 있는 입면도 기호 중 하나를 확대합니다.

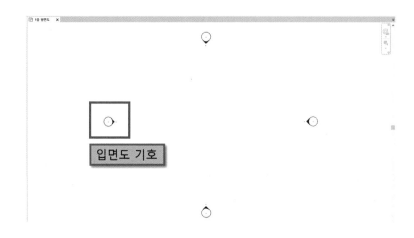

② 입면도 기호의 원에 해당하는 부분을 선택하면 뷰의 방향을 지정하거나 새로 만들 수 있습니다.

- 이번 프로젝트에서는 기본 뷰 옵션을 활용하는 만큼 따로 지정하지 않습니다.

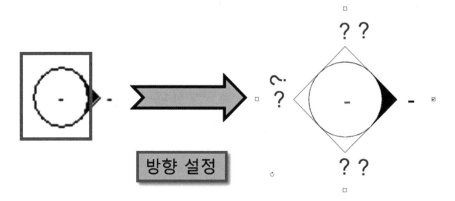

③ 입면도 기호의 앞쪽 솔리드로 채워진 부분을 선택하면 그림과 같은 파란색 실선을 확인 할 수 있습니다.

- 파란색 실선 부분이 뷰가 시작되는 지점입니다.
- 파란색 점선으로 표기된 부분은 뷰의 범위입니다. 이 점선을 벗어나면 모델은 입면에서 더 이상 보이지 않게 됩니다.

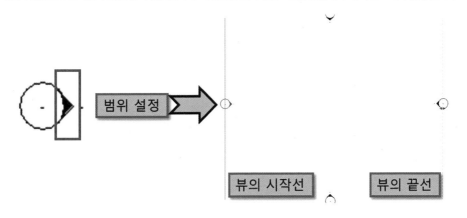

④ 입면도 기호의 앞쪽 솔리드된 부분을 선택한 후 특성을 보면 [범위]에 [먼 쪽 자르기] 옵션을 수정할 수 있습니다.

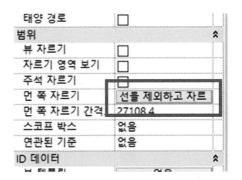

⑤ [먼 쪽 자르기] 옵션을 무한대 범위인 [자르기 없음]으로 변경합니다.

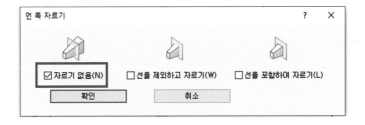

⑥ 나머지 입면 기호들도 같은 작업을 진행합니다.

5.2.3 재질 작성

- 프로젝트에 사용될 재질을 미리 작성합니다.
- 일람표에서 재질명을 이용해서 부재를 분류할 때 유용하게 쓸 수 있습니다.

① [관리] 탭에 [재질]을 선택합니다.
② [재질] 창에 [라이브러리 패널 열기] 아이콘을 선택합니다.

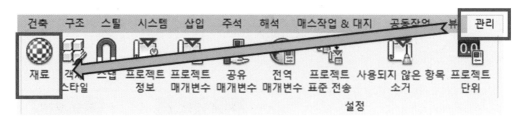

[라이브러리 패널]을 드래그해서 영역을 확장합니다.

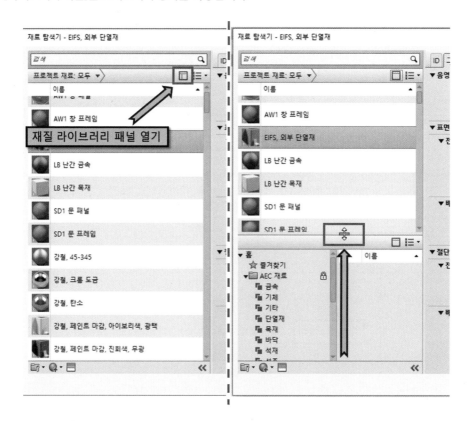

③ 콘크리트 재질을 선택한 후 [마우스 우클릭]합니다. [복제]를 선택합니다.

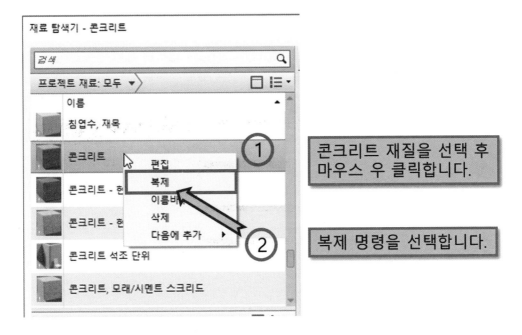

콘크리트 재질을 선택 후 마우스 우 클릭합니다.

복제 명령을 선택합니다.

④ 이름을 지정합니다. 이름 앞에 특수 문자 혹은 숫자를 붙입니다.

이유는 재질명으로 분류 시에 빠르게 찾을 수 있다는 장점이 있습니다.

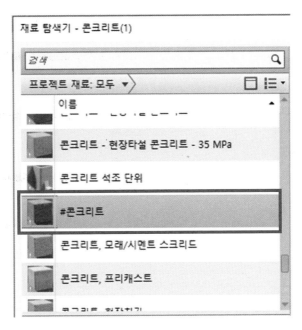

⑤ 재질 표면 패턴을 제거합니다. 도면으로 만들 경우 재질 패턴이 보이기 때문입니다.

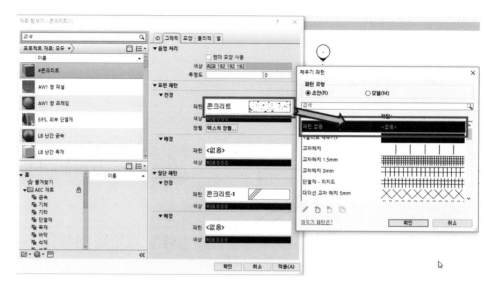

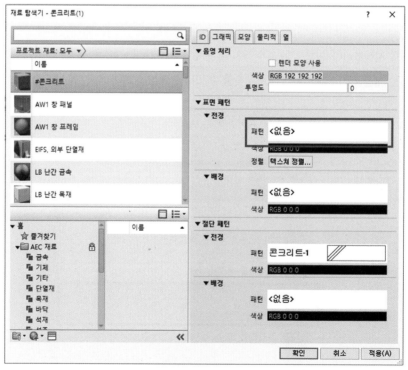

5.2.4 레벨 설정

- 학습 예제에서 사용할 레벨은 B01, FL.01, FL.LOFT, FL.ROOF 이렇게 4개의 레벨을 사용합니다.
- 이번 장에서는 기존 레벨을 사용해서 재배치하고 필요한 레벨을 만드는 방법을 학습하겠습니다.

① 작업 전에 배치도 뷰를 좌표 뷰로 옮겨 놓습니다.

- 배치도를 선택 한 후 분야를 좌표로 변경합니다.
- 평면도 작업을 진행 할 경우 배치도에 작업하는 경우를 방지하기 위해서입니다.

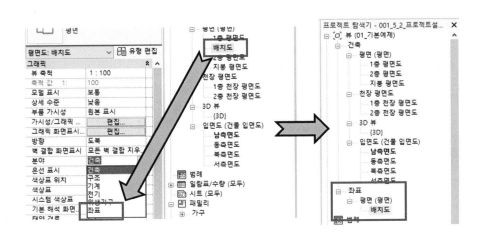

② 레벨 편집을 위해서 프로젝트 탐색기에서 남측면도를 더블 클릭합니다.

(다른 입면도를 선택해도 됩니다.)

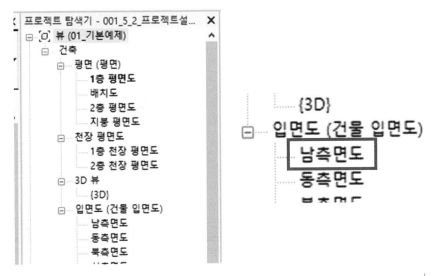

③ 아래와 같이 프로젝트 탐색기에 있는 레벨의 이름과 화면에 보이는 레벨의 이름이
다른 것을 확인할 수 있습니다.

- 작업이 진행되면 뷰의 이름을 혼동하여 사용할 수 있습니다.

- 반드시 뷰의 이름을 통일시켜 줍니다.

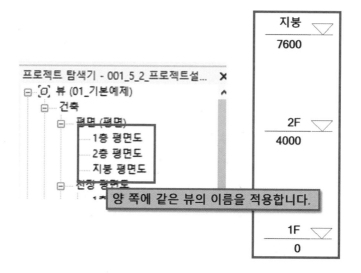

④ 입면도의 뷰의 이름과 고도를 변경하는 방법은 아래와 같이
이름과 이름 밑의 고도값을 더블 클릭하면 수정할 수 있습니다.

- 같은 방법을 이용해서 다른 뷰의 이름을 해당 뷰의 이름에 맞게 수정을 해줍니다.

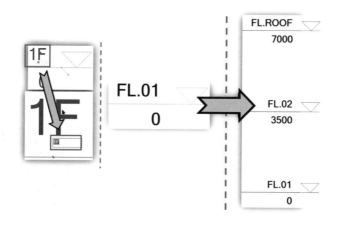

⑤ 프로젝트 탐색기의 이름도 작업 뷰의 이름과 동일하게 수정합니다.

- 수정하는 방법은 이름을 선택한 후 마우스 우클릭해서 [이름 바꾸기]를 통해서 할 수도 있고,
  이름을 선택한 후 기능 키 F2를 선택해서 이름을 변경할 수 있습니다.

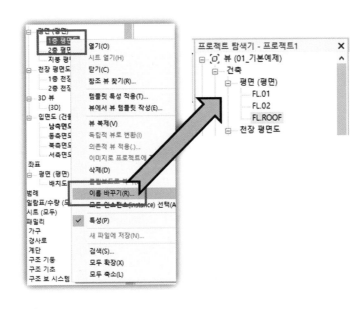

⑥ 수정이 끝난 화면입니다.

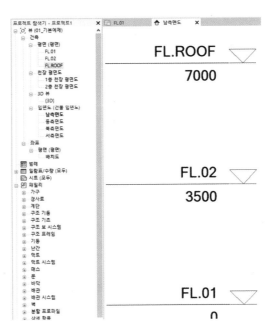

- 모델 작성 전 사용할 유형을 미리 작성하는 것을 추천해드립니다.
- 유형을 사전에 미리 파악할 수 있어서 중복된 작업을 방지하고
  부재의 재료와 두께를 확인할 수 있기 때문입니다.

5.3.1 벽체 유형 작성

- 예제 프로젝트에 사용되는 벽체는 두께 100mm, 200mm, 300mm 3종류입니다.
- 유형 편집을 사용해서 3개의 벽체를 작성합니다.

① 벽 명령을 선택합니다.

② 기본 벽 일반 200mm를 선택합니다.

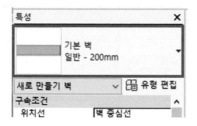

③ 유형 편집을 위해서 FL.B01 레벨에 평면도에 3개의 벽체를 작성합니다. 임의의 길이로 작성하십시오.

④ 첫 번째 벽체를 선택한 후 유형 편집을 선택합니다.

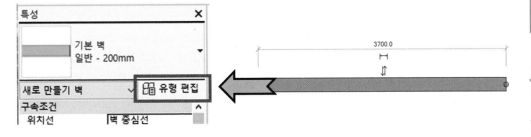

⑤ 복제 명령을 사용합니다.

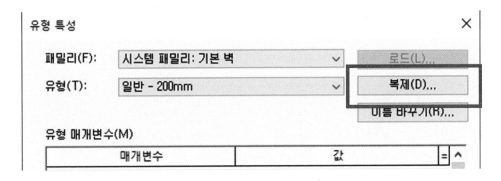

⑥ 이름을 지정합니다. [K_THK200]으로 지정합니다.

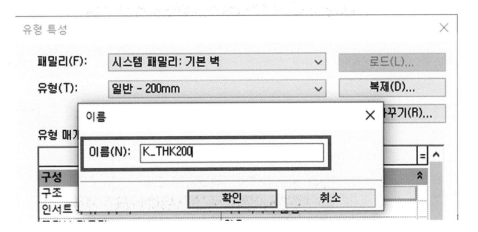

⑦ 벽 두께와 재질을 적용하기 위해서 편집 명령을 선택합니다.

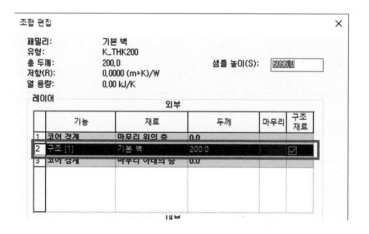

⑧ 두께와 재질을 확인합니다. 벽체 두께와 재질은 [조합 편집]에서만 수정 가능합니다.

⑨ 재질 지정란의 우측 끝부분을 선택해서 [재질 창]을 불러옵니다.

쌩초보를 위한 **Revit** 기초

⑩ 작성된 [K_콘크리트] 재질을 선택합니다. 확인을 눌러 명령을 종료합니다.

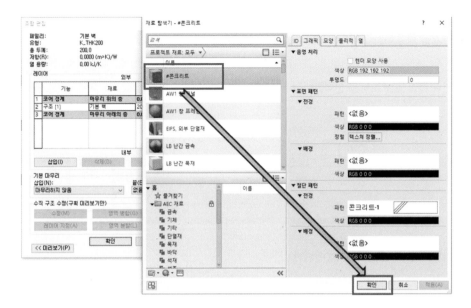

⑪ 같은 방법을 이용해서 100, 300 벽체를 만듭니다.

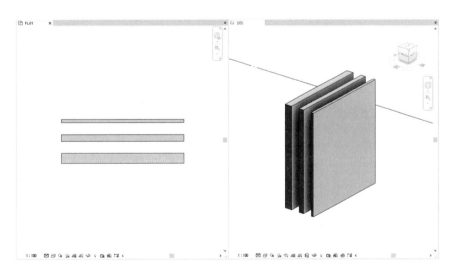

⑫ 작성이 완료된 벽체는 삭제합니다. 벽체를 삭제해도 유형은 남기 때문에 시스템에서
완전히 삭제되지 않습니다.

5.3.2 바닥 유형 작성

- 예제 프로젝트에 사용되는 바닥은 두께 300mm, 150mm 2종류입니다.

- 유형 편집을 사용해서 2개의 바닥을 작성합니다.

① 건축 탭에 있는 바닥을 선택합니다.

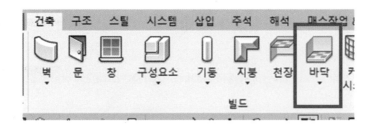

② 바닥 유형 중 일반 150mm 바닥을 선택합니다.

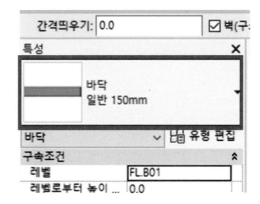

③ 화면에 치수에 상관 없이 사각형 그리기를 사용해서 사각형 스케치를 작성합니다.

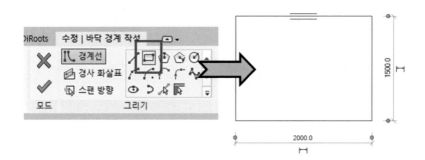

④ 완료를 선택합니다.

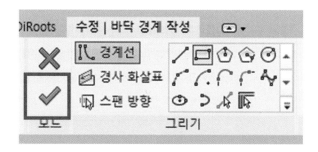

⑤ 작성된 바닥을 복사해서 2개의 바닥을 만들어 둡니다.

⑥ 완성된 바닥을 선택한 후 유형 편집을 선택합니다.

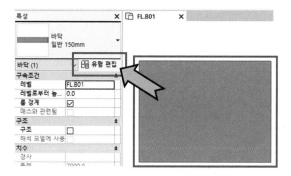

⑦ 복제를 선택 한 후 이름을 K_THK150으로 변경합니다.

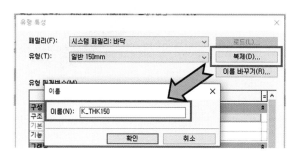

⑧ 편집을 눌러 재질과 두께값을 적용합니다. 이는 벽체 작성 방법과 동일합니다.

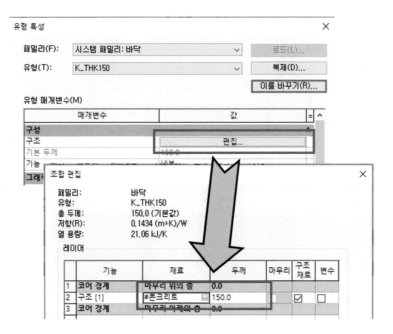

⑨ 완성된 모습을 확인합니다.

⑩ 다른 바닥을 선택하여 K_THK300 바닥을 작성합니다.

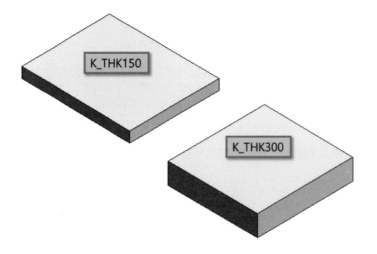

5.3.3 지붕 유형 작성

① 지붕 레벨을 더블 클릭해서 선택합니다.

   1층에 지붕을 작성할 경우 확인하는 절차가 있습니다.

② 건축 탭에 있는 지붕을 선택합니다.

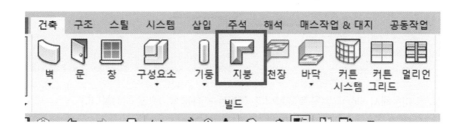

③ 스케치를 사용해서 직사각형 형태의 모양을 작성합니다. 치수는 중요하지 않습니다.

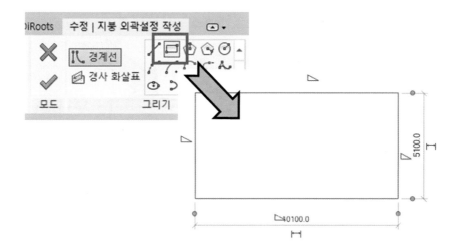

④ 완료를 선택합니다.

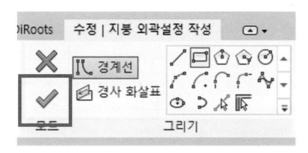

⑤ 작성된 지붕을 선택한 후 유형 편집을 선택합니다.

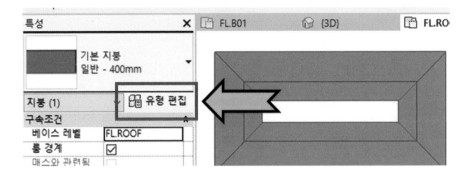

⑥ 복제를 이용해서 지붕 유형을 복제합니다. 이름은 K_THK200으로 지정합니다.

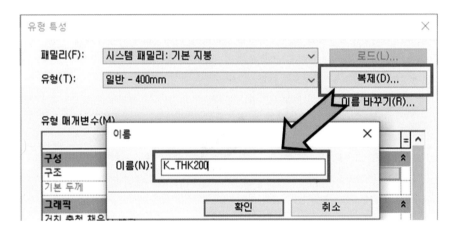

⑦ 편집을 선택합니다.

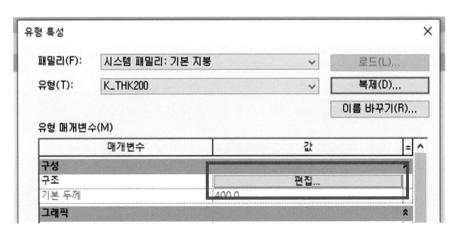

⑧ 재질과 두께를 각각 #콘크리트, 200으로 변경합니다.

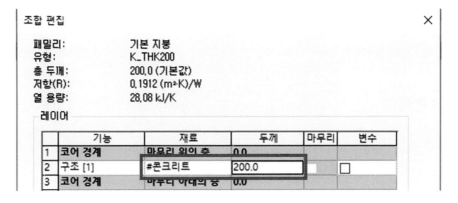

⑨ 완료를 누른 후 변경된 모습을 3D 뷰에서 확인합니다.

- 모델 작성하는 방법은 바닥, 벽, 천장 순서로 작업합니다.
- 아래의 순서대로 모델링을 작성합니다.

5.4.1 1층 바닥 작성

[바닥 작성하기]

① 프로젝트 탐색기에서 FL.B01(지하 1층)을 더블 클릭합니다.

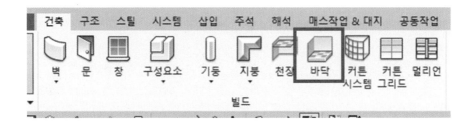

② 건축 탭에 있는 바닥(K_THK300)을 선택합니다.

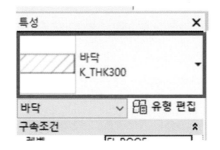

③ 선 명령을 선택합니다.

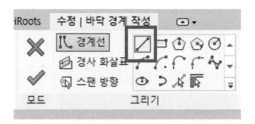

④ 시작점을 선택합니다. 진행 방향으로 수직, 수평을 유지한 후 원하는 거리값을 입력합니다.

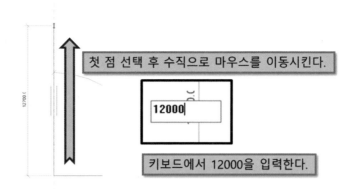

⑤ 같은 방식으로 아래의 치수를 참고해서 바닥을 작성합니다. (가로 6000, 세로 12000)

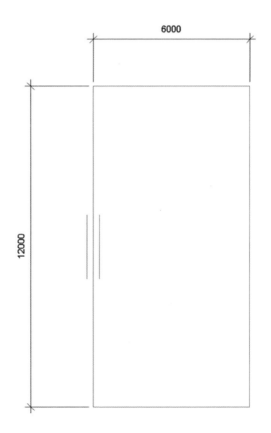

[응용편]

- 위와 같이 선을 그리면서 치수를 주는 방법 외에 임의로 수직과 수평만 맞춰 놓은 후 임시 치수 값을 이용해서 작성하는 방법도 있습니다.
- 주의할 점은 치수가 적용되어 움직일 객체를 선택해야 합니다.

① 바닥의 선을 이용해서 대략적인 형상을 작성합니다.
  이때 치수에 구애를 받지는 않지만 수직과 수평은 맞춰서 작성합니다.

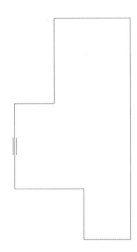

② 이동할 선을 선택합니다.

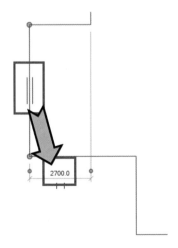

③ 선 주위에 있는 임시 치수 값을 조정합니다.

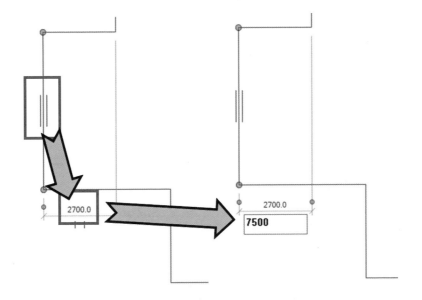

④ 같은 방법으로 객체 선택, 임시 치수 수정을 반복해서 완성합니다.

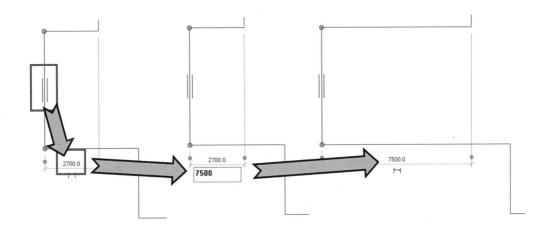

5.4.2 1층 외벽 작성

① FL.01 레벨로 이동합니다.

② [건축] 탭에 있는 벽을 선택합니다.

(구조부의 경우는 구조에 있는 벽을 사용하지만, 이번 예제에서는 건축에 있는 벽을 사용하겠습니다.)

③ [K_THK300] 유형을 선택합니다.

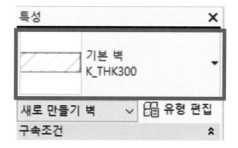

④ 벽을 작성하기 전 상단 레벨을 FL.02 레벨로 지정합니다.

레벨 지정을 하지 않을 경우 기본값으로 높이 8000 벽이 생성됩니다.

⑤ 벽의 진행 방향으로 작성하기 위해서 위치선을 [마감면 외부]로 변경합니다.

이때 [체인]이 체크되어 있는지 반드시 확인합니다.

⑥ 바닥의 모서리 지점 중 임의의 지점을 시작점으로 택합니다.

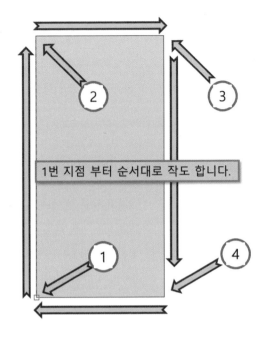

1번 지점 부터 순서대로 작도 합니다.

⑦ 모서리를 따라서 벽체를 완성합니다.

(벽체 작성 도중 마감 방향에 의해서 벽체가 뒤집히는 경우에는 키보드의 스페이스 바를 눌러줍니다.)

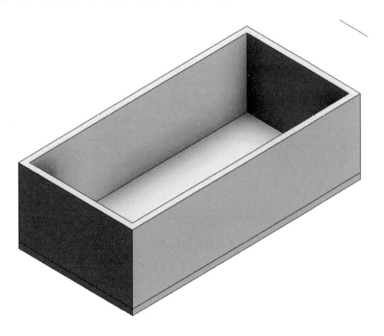

[응용편]

- 위치선을 사용해서 작업을 하는 경우도 있고, 정렬(AL : Align)을 사용하는 경우도 있습니다.
- 정렬(AL : Align)을 사용하는 방법에 대해서 살펴보겠습니다.

① 바닥 주변으로 벽을 작성합니다. 이때 바닥의 형상만 따라서 작성합니다.

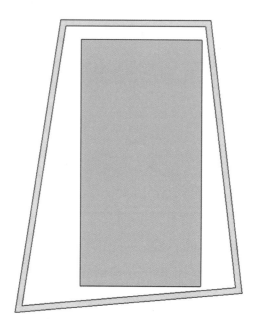

② 키보드를 사용해서 AL 명령을 실행합니다. 혹은 아래와 같이 [수정] 탭에서 아이콘을 선택합니다.

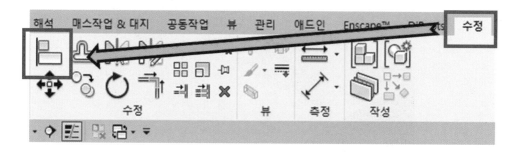

③ 기준점(바닥 경계선)을 먼저 선택합니다.

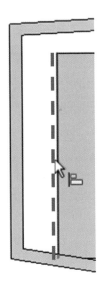

④ 벽체의 바깥 면을 선택합니다.

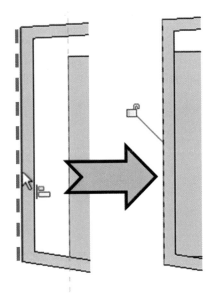

⑤ 같은 방법을 이용해서 벽을 바닥에 붙여줍니다.

5.4.3 1층 외벽 편집

- 이 예제의 경우 전면 테라스를 포함하기 때문에 일부 벽의 높이를 낮추는 작업이 필요합니다.
- 추가로 사용되는 명령으로는 절단 SL(Split Line) 명령과 참조 평면 RP(Reference Plan)를 사용합니다.
- 벽체 높이를 미연결로 변경하면 사용자가 벽체의 높이를 바로 지정할 수 있습니다.

[전면 테라스 부분]

① B01 평면도에서 건축 탭에 있는 참조 평면 RP(Reference Plan)를 실행합니다.

② 아래 이미지를 참고해서 임의의 지점에 참조 평면을 작성합니다.

　(참조 평면 RP(Reference Plan)의 경우 선을 길게 작성하지 않아도 됩니다.)

③ 참조 평면 RP(Reference Plan)를 선택한 후 임시 치수 값을 1200으로 변경합니다.

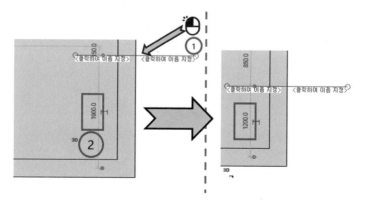

④ 벽체를 나누기 위해서 절단 SL(Split Line)을 실행합니다.

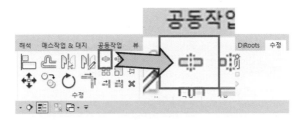

⑤ 아래와 같이 벽체의 임의의 지점을 선택해서 양쪽 벽체를 잘라줍니다.

(주의: 여러 번 선택할 경우 벽체가 클릭하는 숫자만큼 분리됩니다.)

⑥ 아래와 같이 테라스 부분의 벽체를 선택한 후 벽의 높이를 미연결 1500으로 변경합니다.

⑦ 정렬을 이용해서 절단면을 참조 평면에 위치시켜 줍니다.

참조 평면을 먼저 선택한 후 절단면을 선택합니다.

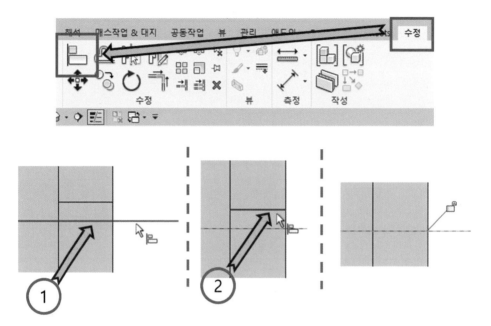

[완성된 모습입니다.]

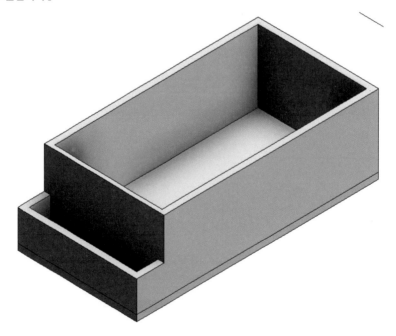

5.4.4 1층 내벽 작성

[남측 테라스 마감]

① 남측 테라스 벽을 작성합니다. [건축] 탭에 있는 벽을 선택합니다.

② 벽체 유형에서 [K_THK200] 벽체를 선택합니다.

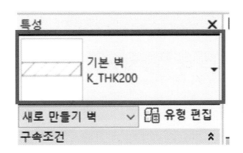

③ 아래 이미지와 같이 임의의 지점에서 수평 방향으로 벽체를 작성합니다.

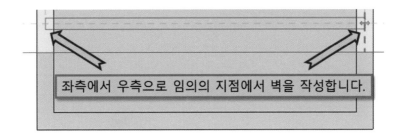

좌측에서 우측으로 임의의 지점에서 벽을 작성합니다.

④ 위치를 지정하기 위해서 수정 탭에 있는 AL을 실행합니다. 키보드 단축키 AL 입력을 추천합니다.

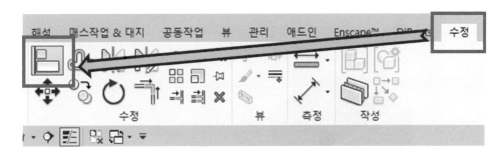

⑤ 측벽의 안쪽 경계선을 기준으로 선택합니다. 이동할 벽체의 바깥 선을 선택합니다.

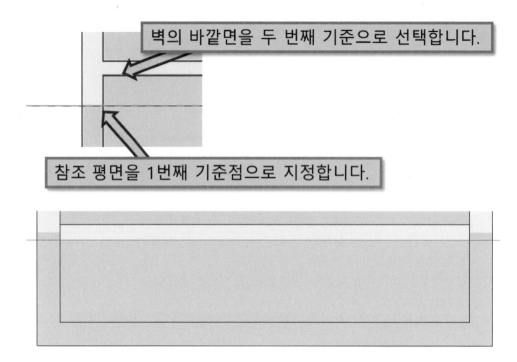

벽의 바깥면을 두 번째 기준으로 선택합니다.

참조 평면을 1번째 기준점으로 지정합니다.

⑥ 완성된 모습입니다.

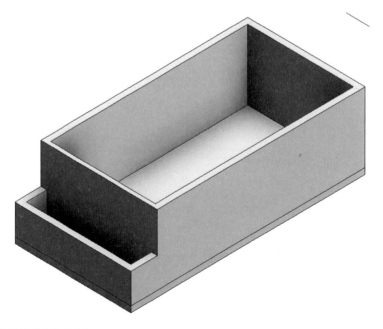

① [건축] 탭에 있는 벽을 선택합니다.

② 유형은 [K_THK100]을 선택합니다.

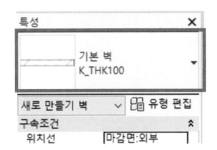

③ 벽체 작성 전 구속 높이와 위치선을 확인 합니다.

내벽의 경우 벽체 중심을 기준 작업하는 것이 편합니다.

④ 기준 벽체를 먼저 작성합니다. 임의의 지점에서 시작해서 수평 방향으로 작성합니다.

⑤ 벽체를 선택한 후 임시 치수를 이용해서 간격을 조정합니다.

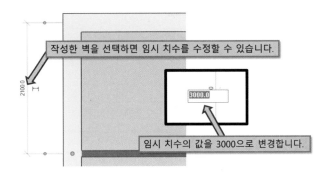

⑥ 수평 방향의 벽체를 아래로 1500 간격으로 복사합니다.

⑦ 복사할 벽체를 선택합니다.

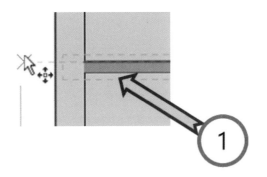

⑧ 복사 명령을 선택 or 입력 후에 구속, 다중을 체크합니다.

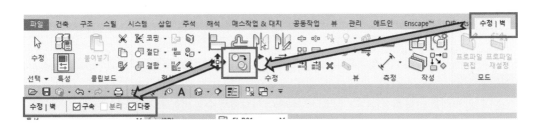

⑨ 첫 번째 기준점을 선택한 후 복사 진행 방향을 지정합니다. 거리값 1500을 입력합니다.

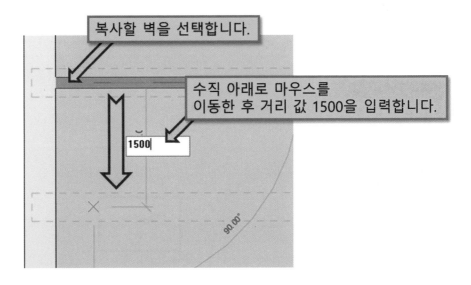

복사할 벽을 선택합니다.

수직 아래로 마우스를
이동한 후 거리 값 1500을 입력합니다.

1500

90.00°

⑩ 완성된 모습입니다.

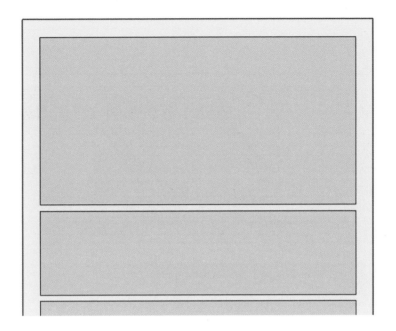

① 수직 벽 2개를 위치에 상관없이 작성합니다.

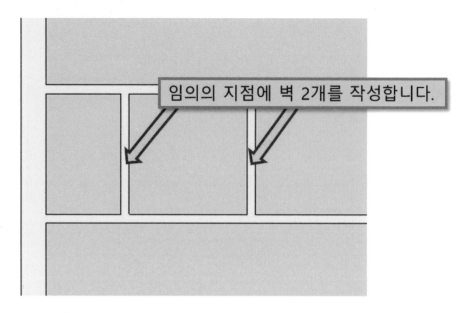

임의의 지점에 벽 2개를 작성합니다.

② 좌측에 있는 벽체를 선택합니다. 아래의 임시 치수 값을 700으로 변경한 후 엔터를 입력합니다.

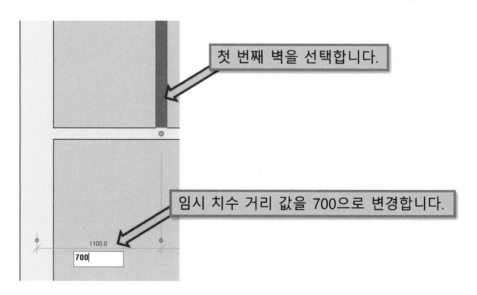

첫 번째 벽을 선택합니다.

임시 치수 거리 값을 700으로 변경합니다.

③ 같은 방법을 사용해서 두 번째 벽체의 임시 치수를 변경합니다.

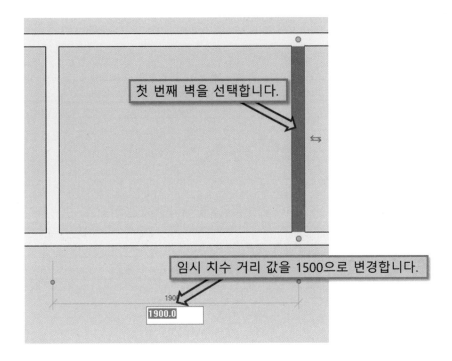

첫 번째 벽을 선택합니다.

임시 치수 거리 값을 1500으로 변경합니다.

1900.0

④ 내벽의 마무리는 Trim 명령을 사용합니다.

⑤ 키보드에서 TR이라고 입력을 해도 되고 아래와 같이 [수정] 탭에서 실행해서 사용해도 됩니다.

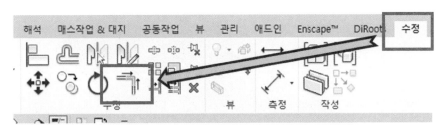

⑥ 명령을 실행한 후 아래 그림과 같이 순서대로 선택합니다.

⑦ 선택 시에 아래 그림은 이해를 돕기 위해서 작성된 것이고 실제로 선택 순서는 상관없습니다. 주의할 점은 TR의 경우 선택하는 두 개의 객체를 뺀 나머지 부분이 잘린다는 점입니다.

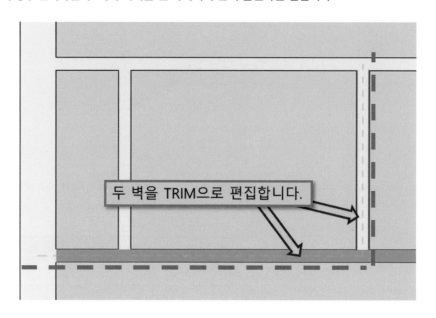

두 벽을 TRIM으로 편집합니다.

[내벽 작성 - 3]

⑧ B01층이 완성된 모습입니다.

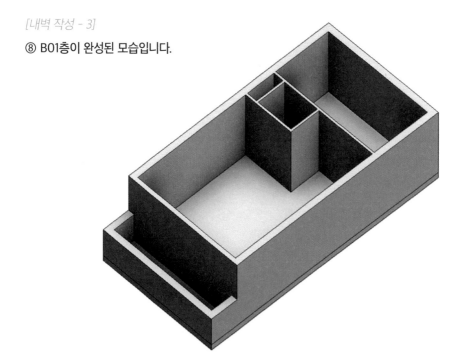

5.4.5 1층 창호 및 문 작성

[창호 가져오기]

① 창호에 대한 패밀리 작성 등은 뒤에서 다루도록 하겠습니다.

② 이번 예제에서는 제공되는 패밀리를 사용해서 작성하도록 하겠습니다.

③ [삽입] 탭에 있는 패밀리 로드를 선택합니다.

④ 목록에서 창을 선택합니다.

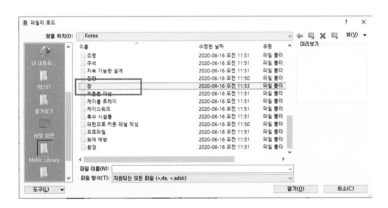

⑤ 패밀리 파일 중 [양여닫이창(1).rfa]를 선택하고 확인을 누릅니다.

① [건축] 탭에 있는 명령 창을 선택합니다.

② [양여닫이창(1)]을 선택한 후 유형 편집을 선택합니다.

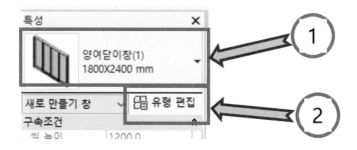

③ 복제를 선택하고 유형의 이름을 [K_1800X2400]으로 변경합니다.

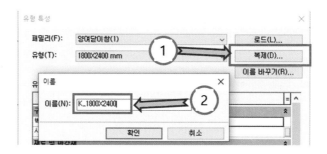

④ [씰]의 높이는 100으로 변경합니다. (씰은 바닥에서 창, 문 바닥까지의 높이를 뜻합니다.)

⑤ 지하 1층 벽체의 정 중앙을 마우스로 선택합니다. (창호의 방향은 입력 후 선택해서 [스페이스 바]를 입력하면 됩니다.) 창이 보이지 않는 경우 3D뷰로 변경한 후 [씰 높이]를 지정합니다.

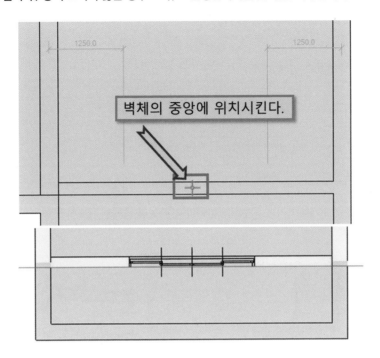

⑥ 완성된 모습입니다.

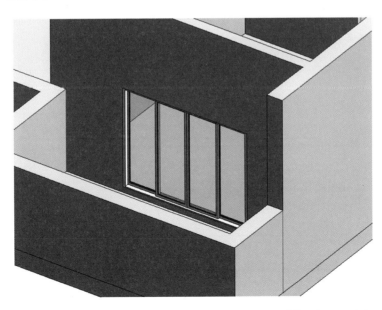

[문 작성]

- 문 역시 Revit에서 기본 제공되는 패밀리를 사용하도록 하겠습니다.

- 2개의 패밀리를 작성하도록 하겠습니다.

① [건축] 탭에 있는 문을 선택합니다.

② 유형에서 [단일 주거용 750 x 2000]을 선택합니다. 유형 복제를 위해서 유형 편집을 선택합니다.

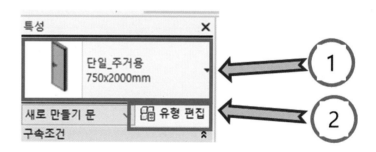

③ 복제 명령을 이용해서 문의 유형 명을 [K_750X2000]으로 변경합니다.

   (앞의 숫자는 폭이고, 뒤의 숫자가 높이입니다.)

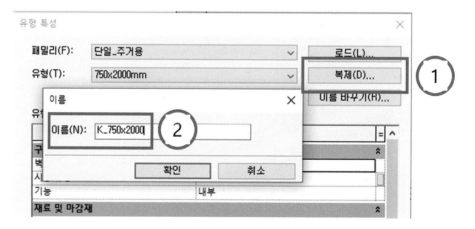

④ 지하 1층 평면도에서 임의의 지점 세 곳을 선택합니다.

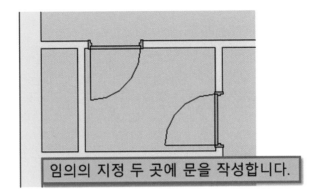

임의의 지정 두 곳에 문을 작성합니다.

⑤ [양여닫이문]도 같은 방법을 사용합니다.

⑥ 유형 편집을 선택합니다.

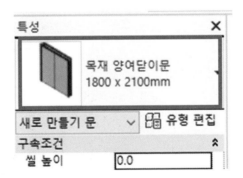

⑦ 복제 명령을 이용해서 유형 명을 [K_1800x2100]으로 변경합니다.

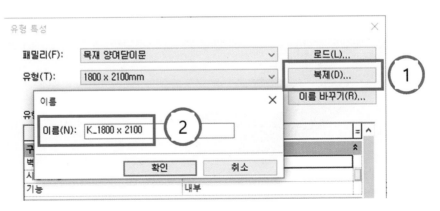

⑧ 아래 이미지와 같이 출입구에 문을 넣습니다.

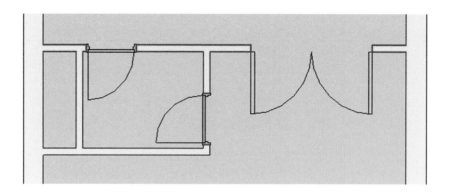

⑨ 완성된 모습입니다.

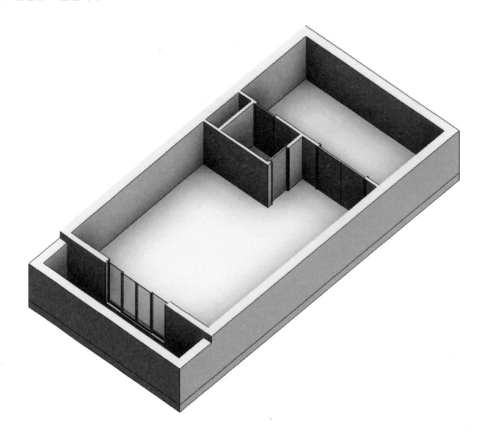

쌩초보를 위한 **Revit** 기초

5.4.6 계단 작성하기

- 계단은 경사로와 같이 수직을 연결하는 통로의 역할을 합니다.
- 처음 Revit을 접하시는 많은 분들이 어려워하는 부분이기도 합니다.
  교재의 설명을 들으면서 천천히 진행하도록 합니다.

[계단 유형 작성하기]

① 건축 탭에 있는 계단을 실행합니다.

② 기본 유형을 변경하겠습니다. 유형 편집을 선택합니다.

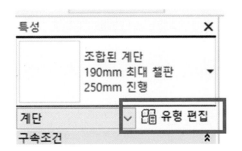

③ 유형 복제를 실행한 후 유형의 이름을 [K_내부계단]으로 변경합니다.

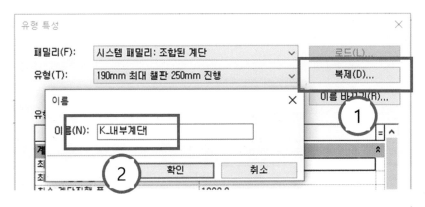

④ 진행 방향의 양측 지지 옆판을 제거합니다. 중간 지지는 체크합니다.

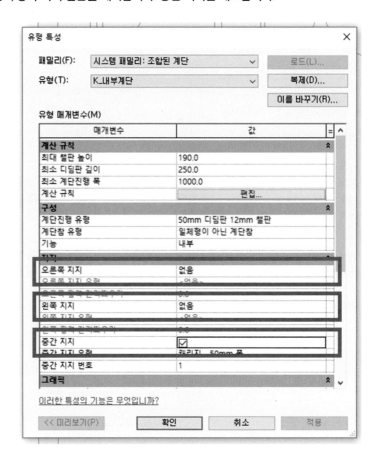

⑤ 확인을 누릅니다.

[진행 방향 설정하기]

⑥ 계단 옵션 중 위치선을 [계단진행 : 오른쪽]으로 변경합니다.

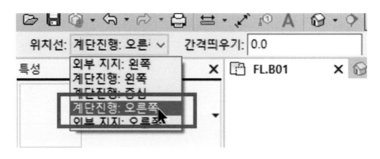

[계단 그리기]

⑦ 아래 그림과 같이 순서대로 작성합니다. 명령 실행을 확인합니다.

⑧ 기본 설정이 끝난 상태에서 아래 그림과 같이 시작점인 모서리 지점을 선택합니다.

마우스를 진행 방향으로 계단이 5칸 그려질 때가지 이동합니다. 첫 계단의 끝점을 선택합니다.

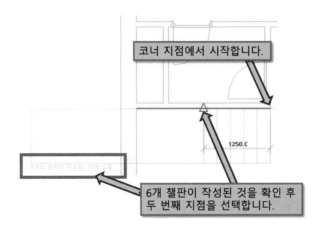

⑨ 두 번째 시작 지점 연장 지점을 선택합니디. 이때 자동으로 계단 참이 작성됩니다.

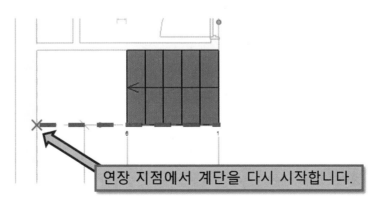

⑩ 두 번째 시작점에서 아래로 이동하면 아래와 같이 끝나는 지점이 나타납니다.
  연장되는 부분의 모서리 지점을 선택합니다.

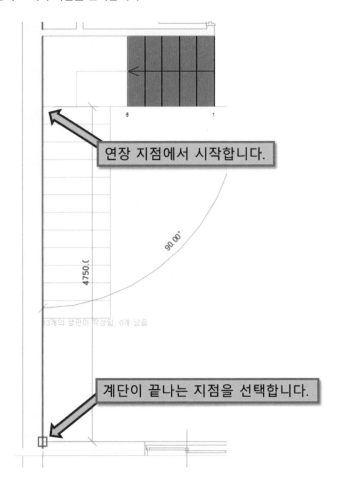

⑪ 계단 완료를 선택합니다.

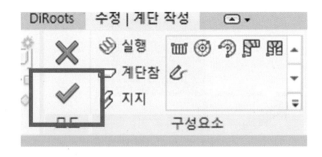

⑫ 완성된 모습입니다.

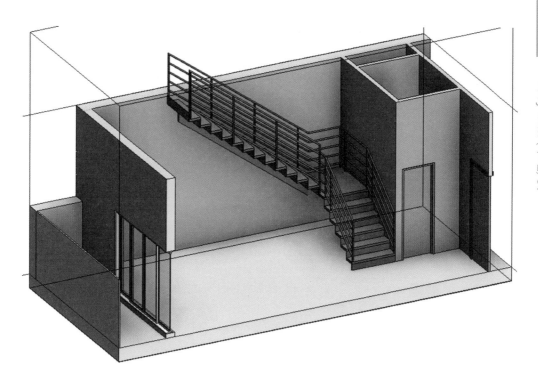

5.4.7 2층 바닥 작성

[바닥 작성하기]

① 프로젝트 탐색기에서 FL.01(지상 1층)을 더블 클릭합니다.

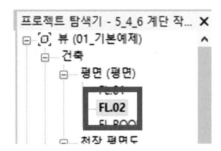

② 건축 탭에서 바닥을 선택합니다.

③ 만들어 놓은 바닥 유형 [K_THK150]을 선택합니다.

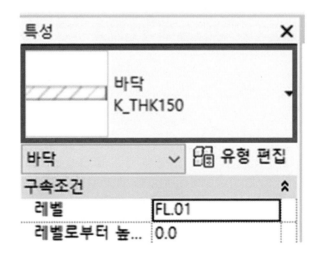

④ 바닥 명령의 사각형 그리기를 선택합니다.

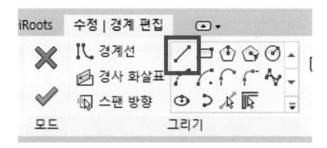

⑤ 언더 레이에 의해서 보이는 바닥 경계선 안쪽으로 바닥을 작성합니다.

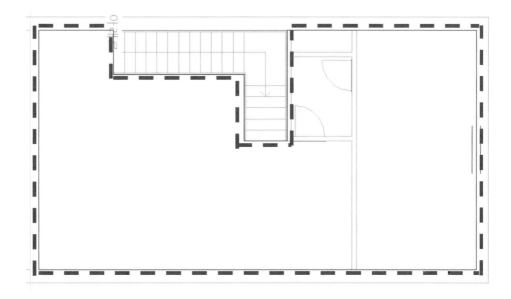

⑥ 완료를 선택합니다.

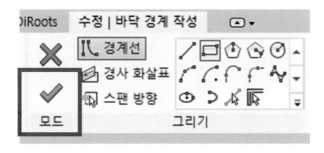

⑦ 하단에 부착이라는 메시지가 나타나면 [아니오]를 선택합니다.

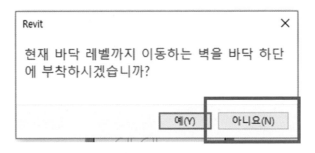

[언더 레이가 실행 안 될 경우]

- 언데 레이 기능이 안 될 경우 아래와 같이 옵션을 조정합니다.

① 특성 창에서 언더 레이 옵션을 조정합니다. 기준 레벨은 작업 시에 보고 싶은 뷰를 기준으로 설정합니다.

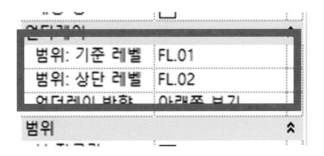

② 모델의 상세 수준과 비주얼 스타일의 은선을 음영으로 변경합니다.

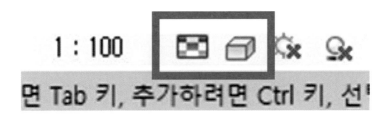

[바닥 하단 부착 적용할 경우]

- 바닥을 작성한 후 완료를 누르면 아래와 같이 확인 메시지가 나타나는 경우가 있습니다.
- 보통의 경우 [아니오]를 선택합니다. 단면을 이용한 아래의 이미지를 보면 차이를 알 수 있습니다.

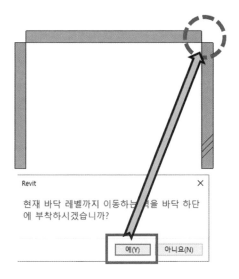
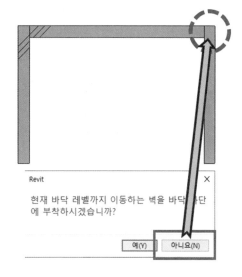

[상단 부착]

① Revit을 활용해서 모델 작업을 진행해 보면 아래 그림과 같이

　아래 레벨에 작성된 벽체가 작업 중인 바닥과 겹치는 것을 확인할 수 있습니다.

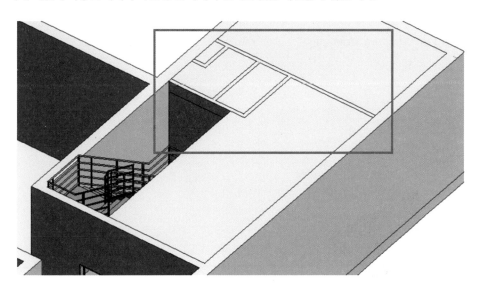

② 이 경우 하단 벽을 Ctrl키를 누르고 있는 상태에서 모두 선택합니다.

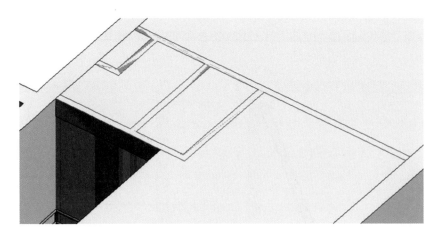

③ 메뉴 상단에 보면 상단/베이스 부착 명령을 선택합니다.

이 명령은 선택한 객체를 사용자가 지정한 객체에 붙여주는 역할을 합니다.

④ 벽이 결합될 바닥을 선택합니다.

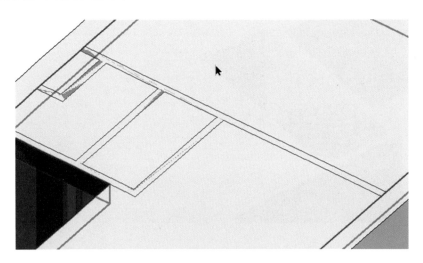

⑤ 아래와 같이 결합된 모습을 확인할 수 있습니다.

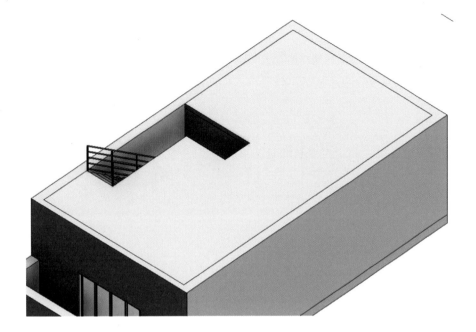

5.4.8 2층 벽체 작성

[외벽 작성하기]

① 1층 외벽은 지하에 그려놓은 벽체를 기반으로 작성합니다.

② [건축] 탭에 있는 벽 명령을 선택합니다.

③ 벽체 K_THK200 유형을 선택합니다.

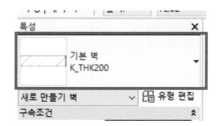

④ 위치선을 마감면 내부로 변경합니다.

⑤ 언더 레이를 참고하여 내벽이 일치될 수 있게 작성합니다. 그리기 명령에서 직사각형을 선택합니다.

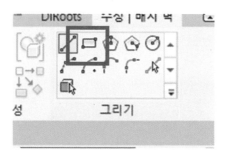

⑥ 바닥의 모서리 점을 이용해서 작성합니다.

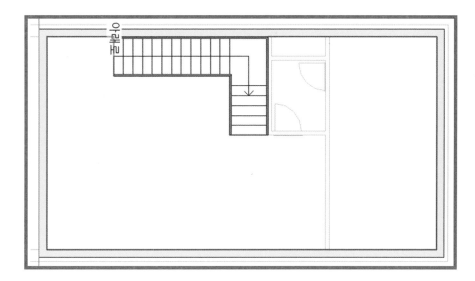

⑦ 완성된 모습입니다.

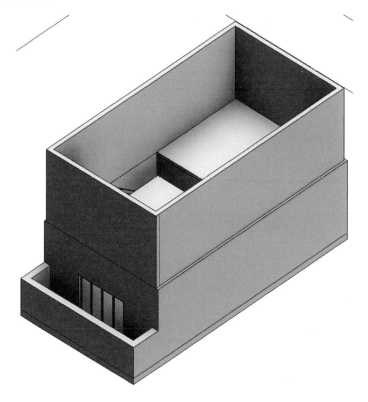

[내벽 작성하기]

- 지하에 그려놓은 벽체를 복사해서 작성하겠습니다.
- 레벨 간의 복사는 BIM 툴이 가지는 가장 큰 특징 중의 하나입니다.

① [1층 평면도]로 이동합니다.

② 복사할 내벽을 선택합니다. (Ctrl키를 누른 상태에서 선택합니다.)

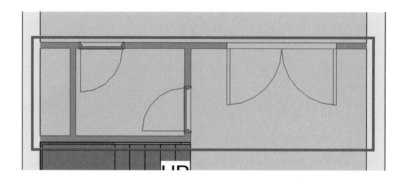

③ [클립 보드에 복사]하기 명령을 선택합니다.

④ 1층으로 이동합니다.

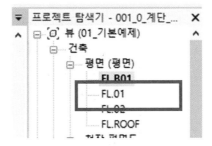

⑤ 붙여 넣기 [풀 다운 메뉴] 중 [현재 뷰에 정렬]을 선택합니다.

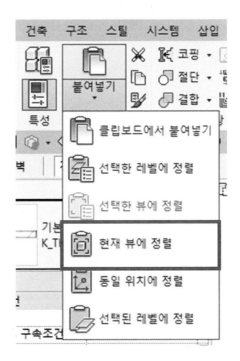

⑥ 복사된 벽체를 확인합니다.

⑦ 1층에 있는 전면 창도 같은 방법을 이용해서 복사합니다.

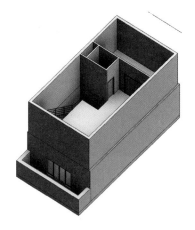

⑧ 2층 계단 난간 벽을 작성하는 순서는 아래와 같습니다. K_THK100 벽을 선택합니다.

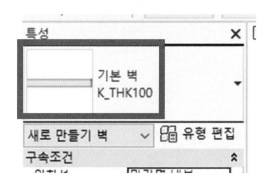

⑨ 위치선은 마감면 외부로 설정합니다.

⑩ 난간이므로 바닥에 높이를 1200으로 맞추기 위해서 미연결을 선택한 후 높이 값을 입력합니다.

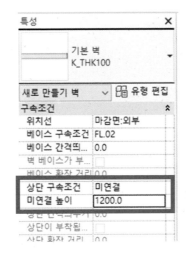

⑪ 계단의 테두리 부분을 따라서 벽을 적성합니다.

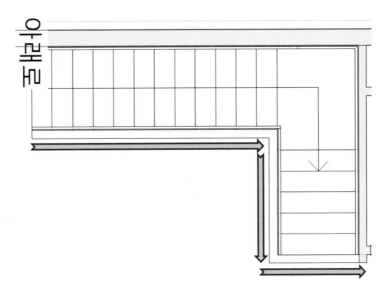

⑫ 2층 벽과 만나는 부분은 TRIM을 이용해서 모서리를 정리합니다.

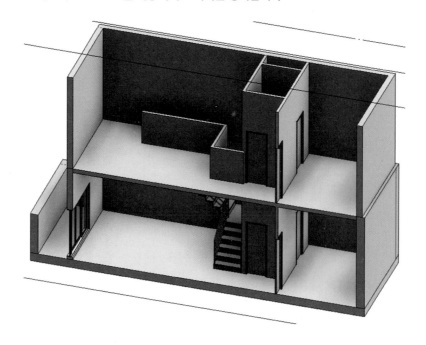

[바닥 편집하기]

위의 모델에서 보면 지하와 2층을 연결하는 PS가 존재하는 것을 확인할 수 있습니다.

수직 통로를 만들어 주는 방법을 알아보겠습니다.

① 2층 평면도 뷰에서 작업할 부분은 아래 이미지와 같습니다.

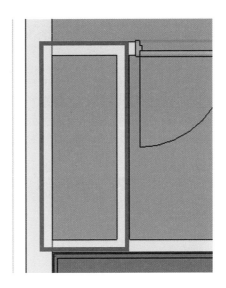

② 바닥을 선택한 후 리본 메뉴에 있는 경계 편집을 선택합니다.

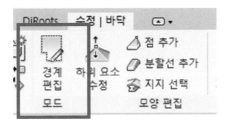

③ 스케치 도구 중 선을 선택합니다.

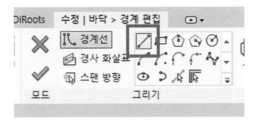

① 선을 이용해서 경계를 스케치합니다. TR(Trim) 명령을 선택합니다.

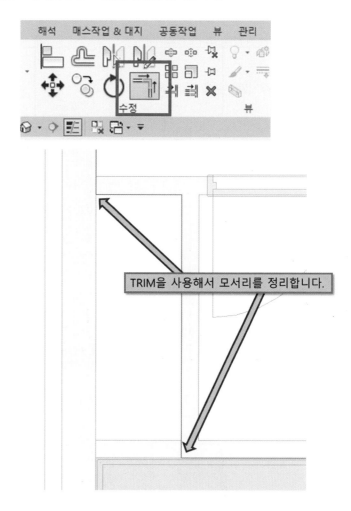

TRIM을 사용해서 모서리를 정리합니다.

② 스케치 수정이 끝났으면 완료를 선택합니다.

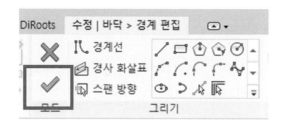

③ 바닥 부착 메시지가 보이면 [아니오]를 선택합니다.

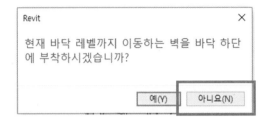

④ 모델을 확인합니다.

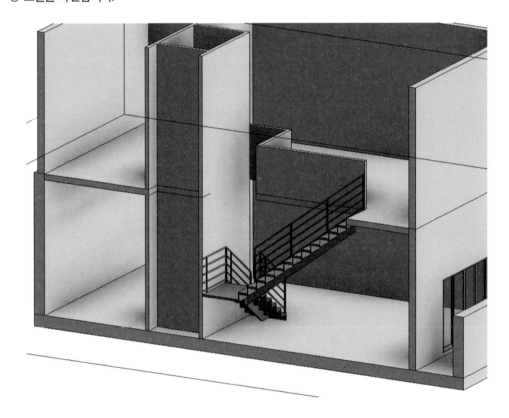

5.4.9 지붕 작성

[지붕 작성하기]

① 지붕 레벨을 [더블 클릭]합니다.

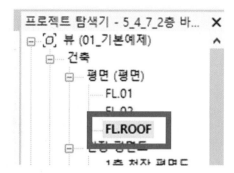

② 아래층의 도면이 보이지 않을 경우 아래와 같이 [언더 레이] 기준을 조정합니다.

③ [음영]과 [상세 수준]을 재설정합니다.

④ [건축] 탭에 있는 지붕 명령을 선택합니다.

⑤ 만들어 놓은 지붕 유형[K_THK200]을 선택합니다. 없을 경우 기본 지붕 유형으로 작업을 진행합니다.

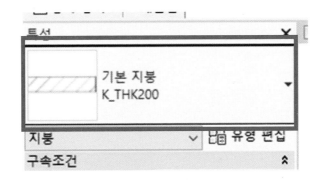

⑥ 스케치 명령 중 직사각형 그리기를 선택합니다.

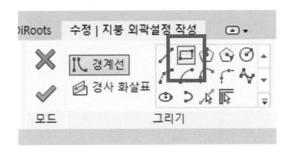

⑦ 가장 외곽선을 따라서 작성합니다.

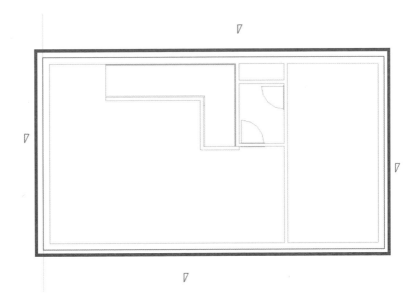

⑧ 아래와 같이 수직 상의 두 곳의 경사를 해제하기 위해서 선택합니다.

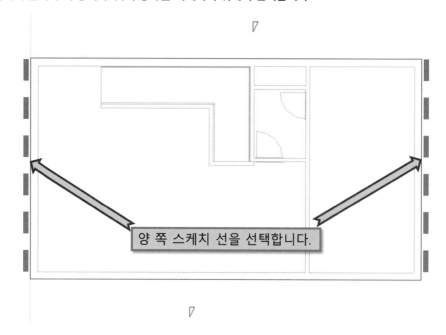

양 쪽 스케치 선을 선택합니다.

⑨ [특성] 창에 있는 [경사 정의]를 체크 해제합니다.

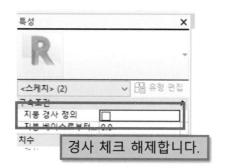

경사 체크 해제합니다.

⑩ 완료를 선택합니다.

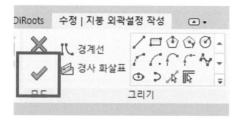

쌩초보를 위한 **Revit** 기초

[벽체 정리 하기]

① 2층 벽체를 선택합니다.

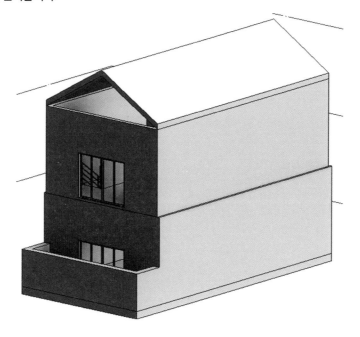

② 벽을 지붕에 결합시키기 위해서 상단을 크로싱(우측에서 좌측)으로 선택합니다.

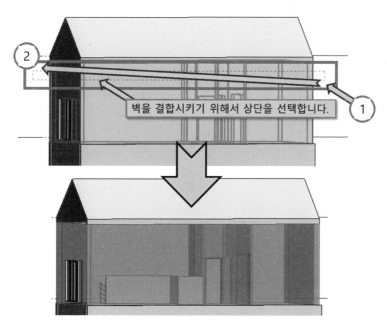

③ 리본 메뉴에 있는 상단/베이스 부착을 실행합니다.

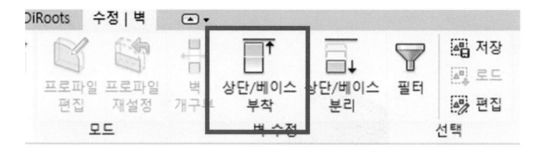

④ 벽이 결합할 지붕을 선택합니다.

5.4.10 모델 완성

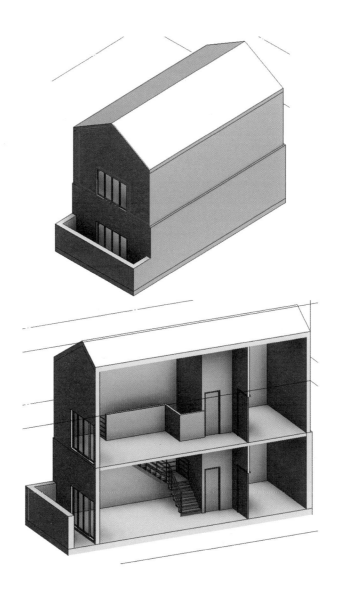

저자 소개 - 페이서 킴

CAREER

前 Yunplus Architecture Firm / BIM General Manager.
前 ㈜Green Art School in Gang-nam / NCS BIM A Positive Course
前 ㈜SBS Academy / BIM A Positive Course
前 한국 BIM 아카데미 / BIM A Positive Course
前 ㈜단군소프트 / Autodesk AEC Application Engineer
前 BIM-H, Inc. / BIM 사업부 본부장
前 (주)소프트뱅크커머스 코리아 / Autodesk PSEB Application Engineer

PROJECT EXPERIENCE

BIM Project
- 춘천 NHN 연수원 BIM 구조 모델링
- 순천시 수영장 BIM 모델링
- LH 김해 임대 아파트 BIM 모델링
- 부산 동래역사 BIM 구조 모델링
- GS 파르나스 호텔 커튼 월 구축 지원
- 신성 ENG 설계팀 BIM 교육 및 Family Library 구축
- H 기업 해외 공장 BIM 구축
- H 기업 멕시코 생산 공장 전환 설계
  외 다수 프로젝트 참여

BIM 교육
- 건설기술교육원 BIM 양성 과정 강사
- 건설기술교육원 스마트 BIM 과정 강사
- (주)지아이티아카데미, 그린아트 역삼 BIM 국비과정 교육
- 경기도 안산 테크노파크 BIM 교육
- RNB BIM 과정 운영 및 강의
- 한국 BIM 아카데미 전임 강사
- 광주광역시 건축사 Revit 전문가 과정 교육 진행
- 삼성물산 BIM 기술, 교육 지원
- 창원 LG전자 Revit MEP Family 구축 및 교육
- LG 전자 중국 법인 사용자 BIM 교육

설계
- 전남 순천 까르푸 실시 설계 참여
- 전남 순천 성가롤로병원 실시 설계 참여
- 드림 씨티 리모델링 기획 설계
- 호텔 렉스 기획 및 설계
- 뉴 서울호텔 객실 리모델링 기획 및 설계
- 여수엑스포 홍보관 리모델링
- 여수국사산단내 금호 정밀 화학 본관동 리모델링
- 여수국가산단내 LG화학 내 휴게실 및 사무실 리모델링

기타 교육
- E4 AutoCAD 전임 강사
- 그린디자인아트스쿨 AutoCAD 강사
- 더 조은 컴퓨터 아트스쿨 AutoCAD 강사
- KCC 여주공장 AutoCAD 전문가 과정 교육
- 철도청 AutoCAD 교육
- 울산 삼성 중공업 AutoCAD 교육

전남 건축사 협회상 수상

easy BIM (기초편) 01

쌩초보를 위한 **Revit** 기초

초판 1쇄 인쇄	2021년 3월 10일
초판 1쇄 발행	2021년 3월 15일
지은이	페이서 킴
펴낸이	김호석
펴낸곳	도서출판 대가
편집부	박은주
경영관리	박미경
마케팅	오중환
관 리	김소영, 김경혜
주 소	경기도 고양시 일산동구 장항동 776-1 로데오 메탈릭타워 405호
전 화	02) 305-0210 / 306-0210 / 336-0204
팩 스	031) 905-0221
전자우편	dga1023@hanmail.net
홈페이지	www.bookdaega.com
ISBN	978-89-6285-273-8 13540